Alexander Kluge

Aus dem Bauhaus der Natur

Alexander Kluge

Aus dem Bauhaus der Natur

Die Republik der Tiere in uns

Eine Materialsammlung
zu Zuständen zwischen
Evolution und Moderne

WALLSTEIN VERLAG

Bibliografische Information der Deutschen Nationalbibliothek
Die Deutsche Nationalbibliothek verzeichnet diese
Publikation in der Deutschen Nationalbibliografie;
detaillierte bibliografische Daten sind im Internet
über https://dnb.dnb.de abrufbar.

Zweite Auflage

Wallstein Verlag GmbH
Geiststr. 11, 37073 Göttingen
www.wallstein-verlag.de
info@wallstein-verlag.de
Vom Verlag gesetzt aus der Stempel Garamond und der New Order
Umschlaggestaltung: Wallstein Verlag, Göttingen
Druck und Verarbeitung: Elanders Waiblingen GmbH

ISBN 978-3-8353-5864-5

Inhalt

1

»Vividness« = Lebendigkeit

Abb. 1: Asiatischer Bär mit Kind auf seinem Rücken,
im Hintergrund Lichter aus dem Hafen von Amsterdam

Abb. 2: Frühe Menschen auf Höhlenmalerei

Was ist »menschlich«?

Wir bilden uns ein, als Menschen keine Maschinen und auch keine Tiere zu sein. Auch keine Pilze und Bazillen. Tatsächlich, glaube ich, sind wir amphibische Lebewesen. Mehr als bis zur Brust stecken wir in der Evolution, das heißt im Reich der Tiere, aus dem wir kommen. Das bedeutet nicht, dass wir einem Wolf oder Schaf ähnlich wären. Die Wurzeln liegen tiefer und weitaus länger zurück. In uns aber verwalten wir Tiere. Der Atem ist zum Beispiel ein eigensinniges Tier. Er zwingt den Selbstmörder, der sich im Brunnen ertränken will, im letzten Augenblick zum Auftauchen. Das behaupte nicht ich, sondern die Physiologen. Der Atem ist klüger als der Kopf. Die Haut, unser flächenmäßig ausgedehntestes Organ, ist ein weiteres Tier. Sigmund Freud behauptet gegenüber Albert Einstein im Jahre 1932, meinem Geburtsjahr, in seinem Aufsatz *Warum Krieg?*, dass die Moralität keine Hilfe gegen den Dämon Krieg darstellt, wohl aber die Haut, die auf das Elend des Stellungskriegs im Ersten Weltkrieg mit Allergien reagiert, sodass der Soldat keine Uniform mehr auf die Haut stülpen kann.

Die Haut ist klüger als der Kopf. Ich könnte diese »Republik der Tiere in uns«, die alle gemeinsam das ausmachen, was wir Mensch nennen, um eine ganze Herde »innerer Tiere« erweitern. Mein Lieblingstier wäre das Ohr. Es ist entstanden aus dem Unterkiefer einer Wüstenschlange. Mit diesem Unterkiefer, an den Wüstenboden gelegt, hört diese Schlange, ob die Beute kommt. Dann wandert in der *longue durée* der Evolution dieser Knochen einige Millionen Jahre, bis er in uns Menschen, stark verkleinert, im Ohr als Mittelohrknöchelchen angekommen ist. Dort regiert dieses Genie über so Verschiedenes wie die Sprache, die Musik, das Gleichgewicht und die Zwischentöne, mit denen wir im Verhältnis zu anderen Menschen unsere emotionalen Entscheidungen treffen. Wie hochmütig ist es, wenn wir angesichts dieser Tiere sagen: Wir Menschen gehören nicht zum Tierreich.

Theodor W. Adorno wendet sich in dieser Sache gegen den kategorischen Imperativ Immanuel Kants: Jeder Mensch solle sich so verhalten, als wäre er ein allgemeiner Gesetzgeber. Dies enthalte eine Überschätzung, ja eine zivilisatorische Hochstapelei. Ich möchte ergänzen: So wie es einem nicht berechtigten Allmachtsgefühl des Menschen entspricht, wenn im Winterzirkus in Paris 1793 Artisten unter der Decke der dortigen Kuppel eines festen Gebäudes an Trapezen so tun, als könnten sie fliegen. In solchen Fällen sansculottischer Übertreibung gilt es, sich an der Bodenhaftung zu orientieren. Dort, wo die Retter, das Zirkuspersonal und die Füße gravitativ schwerer Tiere wie der Elefanten ihre Basis haben.

Adornos Metapher vom guten Tier in uns

An prominenter Stelle in seiner *Negativen Dialektik* schreibt Adorno:

> Im Einzelnen bleibt an Moralischem nicht mehr übrig als [...] so zu leben, dass man glauben darf, ein gutes Tier gewesen zu sein.

Der Satz steht am Ende des Kapitels *Freiheit. Zur Metakritik der praktischen Vernunft.* Er bezieht sich kritisch auf Immanuel Kants Begriffe der Freiheit, des Willens und des »intelligiblen Charakters«, einer von Kant behaupteten Struktur aller Willenskräfte, die in den Menschen die Lust an der Vernunft erzeuge. Wobei Immanuel Kant nicht von Lust oder Motiv spricht – vielmehr geht es um eine Art Grundwasser, das in den Menschen rebellisch und unaufhaltsam dem für das Gemeinwesen verträglichen, somit republikanischen und vernünftigen Zustand entgegenfließt.

Die Ableitung dieses intelligiblen Charakters ist bei Kant nicht dargelegt. Es heißt bei ihm:

> Also werden wir nicht den Grund, woher das moralische Gesetz in sich eine Triebfeder abgebe, sondern was, so fern es eine solche ist, sie im Gemüthe wirkt (besser zu sagen, wirken muss), apriori anzuzeigen haben.
> (*Kritik der praktischen Vernunft*, Seite 72)

Wir Menschen aber sind mit einem Teil unserer Körper (und vermutlich auch unseres Geistes bzw. besser unserer Geister) immer zugleich in der Evolution verwurzelt. Wir ragen in die organisierte Moderne, ins Reich der Vernunft, in eine allseitige republikanische Verfassung, nur mit Teilen unserer Eigenschaften hinein. Andere Teile in uns, wie die Verdauung, ja der Atem, die Haut oder der Herzschlag, das Gleichgewicht und der Rhythmus, bleiben autonom, vom Willen relativ unabhängig, weder ganz unbewusst noch ganz bewusst. Insofern würden wir einem Lebewesen, das zur Hälfte ein Wassertier wäre und zur anderen Hälfte ein Mensch, oder einem Lebewesen wie dem Kentauren durchaus gleichen. Zwar wäre das eine Metapher. Es wäre aber zugleich eine Realmetapher, so wie es den Tatsachen entspricht, dass wir zwei Hirnhälften besitzen, wesentliche Organe von uns paarweise existieren. Und so bestehen wir auch in den Zeiten unserer Herkunft aus lebendigen Teilen, die eher miteinander koexistieren als wirklich eine Einheit zu bilden. Es gibt in der *Kritischen Theorie* das Dialektische Bild und es gibt die Dialektik der Identität in uns Menschen. Wir gehören zum Tierreich und wir gehören zum Menschenreich.

Das Herz hat einen Verstand. Die menschliche Haut hat eine eigene Intelligenz, sie unterscheidet sich von der Arbeit im Kopf. Auch wenn all dies miteinander verbunden und voneinander abgeleitet ist, lässt es sich unterscheiden. Die Ohren besitzen andere Unterscheidungsvermögen als die Augen. Die Fingerspitzen sind, wenn es um den rechten Sitz einer Schraube geht, dem Denken überlegen. Wenn ich auf dem Fahrrad das Gleichgewicht halte, würde ich, falls ich jetzt die einzelnen Elemente, auf denen dieses Gleichgewicht beruht, reflektiere, stürzen. So ist die Charaktereigenschaft Intelligenz auf verschiedene Zentren in unserem Körper und Geist verteilt. Ein vielstimmiger Chor.

Der »bestirnte Himmel über mir« und das »moralische Gesetz in mir« sind, nachdem ein Krieg ausgebrochen ist, allein nicht in der Lage, Gesetzlichkeit und Vernunft wiederherzustellen. Andererseits sind viele Teile unserer Intelligenz und »Eignung zum Gesetzgeber« Derivate einer *ursprünglichen Feinstruktur* unserer Körper und subjektiven Geister, die aus unserer evolutionären Vorgeschichte stammt. Nach Auffassung von Münchner Astrobiologen geht diese Feinstruktur auf die Anfänge des Kosmos zurück.

Wanderung des Unterkiefers einer Vorfahrin unter den Schlangen bis ins Ohr des Menschen

Der Mathematiker und Biologe berichtet: Die Wüstenschlange braucht, um ein Jahr zu überleben, mindestens ein Beutetier. Das muss sie erjagen, auch wenn es nachts daherkommt und sie es nicht sieht. Sie muss es hören. Die Hörgenauigkeit des Unterkiefers gehört zur »Klugheit der Schlangen«. Die Schlange »hört« mit ihrem Unterkiefer. Der liegt fest auf dem Sandboden. Die Trippelschritte des Beutetiers sind nach Rhythmus und Bodenerschütterung deutlich zu verfolgen. Die Schlange lauert.

Dieser Hörkiefer unserer Vorfahrin hat sich im Laufe der Evolution enorm verkleinert und ist in das menschliche Ohr gewandert: Er ist zum Gehörknöchelchen geworden. Es befindet sich im Mittelohr und regiert dort jenes Stück der Intelligenz, das über Unterscheidungsvermögen verfügt, über so verschiedene Sensationen wie Sprache, Musik und das Gleichgewicht. Dies ist die Klugheit der Schlangen, von der die Bibel spricht.

> Der Arzt Chiron, ein Kentaur, lebt mit halbem Leib (und integriert) als Tier. Er ist ein Halbbruder des Zeus, somit ein Unsterblicher. Er ist der beste Arzt der Antike. Außerdem Trainer der Intelligenz von Jason und der Mehrzahl der Helden Homers. Das ist etwas anderes, als bloß Logiker zu sein. Er ist fähig, Bildung zu transferieren und, wie gesagt, Wunden zu heilen. Das ragt aus dem Pferdeleib heraus und wurzelt doch in ihm.

Abb. 3: Der Gott Apoll übergibt seinen Sohn Aeskulap dem Kentauren Chiron zur Ausbildung in der Heilkunst.

»Das Lebendige verbirgt sich gern«

Abb. 4

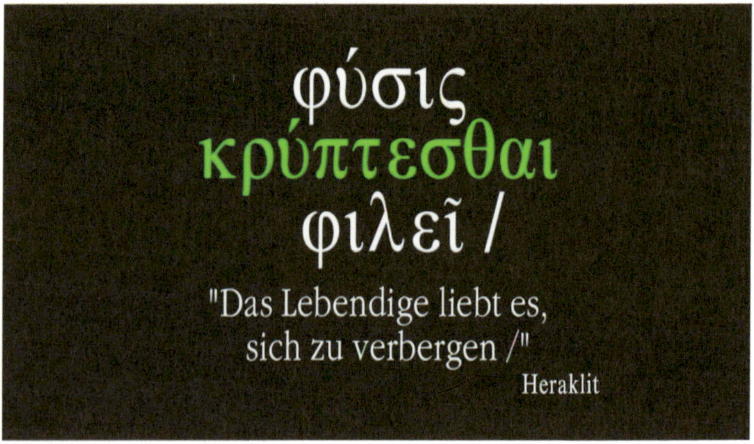

Abb. 5

Sechs Elemente der Vividness

Vividness:

Lebendigkeit, Anschaulichkeit, Plastizität, Lebhaftigkeit, Bildhaftigkeit, Leuchtkraft ist eine Ressource wie Klima und Außenwelt.

1. Vividness ist der Sitz der FREIHEIT in uns. Die Lebendigkeit gehört sich selbst und wird ihrer Natur nach regiert vom Lusthaushalt des Menschen. Nur scheinbar gehorcht das Lebendige den Zwecken oder den Direktiven. Tatsächlich ist das Lebendige eigensinnig und ungehorsam. Es ist auch unbeirrbar.

2. Das Lebendige beruht auf VIELFALT und ALLGEGENWART. Das Lebendige in uns Menschen tut gut daran, alle Lebendigkeiten, die außerhalb von uns existieren, zu respektieren. Respektieren wir die Lebendigkeit der Dinge, werden die Dinge uns respektieren. Der französische Philosoph Michel Serres sagt: »Es gibt ein Menschenrecht der Dinge.« Das gilt vor allem, wenn die Dinge von Menschen gemacht sind, wie zum Beispiel bei der KI.

3. Wir Menschen leben AMPHIBISCH. Zur Hälfte gehören wir in die Evolution, sind also noch Tiere, zur anderen Hälfte gehören wir in die Republiken und Zivilisationen. Manchmal übernehmen wir uns dabei. Wir verhalten uns dann als »Hochstapler der Zivilisation«. Wir müssen Vividness als MENSCHLICHE LEBENDIGKEIT teilweise erst noch herstellen.

4. Mit jeder Geburt eines Menschen entsteht die Lebendigkeit neu. Andererseits hat das Menschlich-Lebendige ein GEWALTIGES ALTER.

5. Die Evolution als Baumeister: der Brustkorb und das Skelett und die Lebendigkeit des Archaeopteryx und die Großstadttaube von New York. Der Archaeopteryx ist etwa rabengroß. Entworfen wurde dieses Lebewesen vor 150 Millionen Jahren. Das Skelett, Bauweise und Robustheit der Großstadttaube sind über einen so langen Zeitraum immer noch mit dem Urvogel verwandt. Die Rhizome und Wurzeln von uns Menschen sind bei einigen Organen wie Haut, Haar, Auge und Gemüt vermutlich noch älter. *Longue durée* als Trost und Hoffnung.

6. Das Lebendige ist teilweise unsichtbar. Es ist ein POTENZIAL und eine UNBEIRRBARE KRAFT, von denen wir Teile bewusst ausüben. TRÖSTEND, DASS ALLES LEBENDIGE ENDLICH IST. Auch die wichtigste Konstante im Kosmos, die Lichtgeschwindigkeit, ist endlich. Das Licht ist unvorstellbar schnell. Aber es tröstet, dass nichts schneller sein kann als das Licht und dass Licht nicht schneller werden kann als es selbst. So gibt es auch nichts, was lebendiger ist als lebendig.

Was heißt Kältegrenze des Planeten?

Die Erde besitzt eine Grenze hin zum Weltraum, oberhalb der Ionosphäre. Zum Erdkern hin bildet für menschliche Bohrungen die Magmaschicht eine physikalische Grenze. Die Erde könnte beliebig kalt werden, sagt der Evolutionsbiologe Prof. Dr. Wilhelmsen von der Universität Rostock, aber jenseits der Kältegrenze gäbe es kein Leben. Fische überleben in Meerestiefen und in Gewässern mit einer Temperatur von minus eins bis minus acht Grad Celsius. Bei starkem Druck und heftiger Bewegung friert das Wasser, falls der Nullpunkt der Temperatur erreicht wird, nicht sofort zu Eis. Im Eis, sagt der Evolutionsbiologe, können Mikroben, Pilze und Schwämme und blutdurchströmte Lebewesen zumindest für kurze Zeit überleben. Sie können dies, wenn sie die Fähigkeit haben, ihren Kreislauf zu verlangsamen. Geschieht das über Jahrzehnte hinweg, sind ungewöhnliche Anpassungen zu beobachten. Leben »überwintert« eine gewisse Zeit im Sarg aus Eis. Als stünde die Zeit still.

Übrig von Iceball Earth

Zu einem gewissen Zeitpunkt der Erdgeschichte war, bedingt durch Konstellationen des Planetensystems, die Erde in Eis erstarrt. Unter einem Schnee- und Eispanzer, der in den Ozeanen bis in die Tiefen reichte, existierten am Grunde kleine Tümpel von eisigem Wasser, immer an der Grenze zum Gefrierpunkt.

Aus dieser vergangenen Welt stammt der Eishai, auch Grönlandhai genannt. So bestätigen es russische Forscher aus dem Wissenschaftszentrum Akademgorodok. Sie sind Überlebsel aus einer Periode vor Einbruch von Iceball Earth. Eine Wirbeltiergruppe von Fischartigen hatte sich, in äußerster Not und in ungezählten Jahren, an die kalten Tiefwasser angepasst und so aus den Vorzeiten überlebt. Die Grönlandhaie oder die Eishaie sind also nicht nur dem Lebensalter nach die ältesten Wirbeltiere, sondern auch älteste Tiere der Vorfahrenslinie nach. Sie waren – in der allmählichen Entwicklung der Erde zur Kälte hin – an der Kältegrenze des Planeten geblieben. In Kältetrance schwappten und tapsten sie wie Betrunkene im Meer. Ihr Fleisch stinkt. So sind sie vor gierigen Jägern und Harpunen einigermaßen sicher. Das Fleisch ist auch giftig für Menschen, weil es Stoffe enthält, die der Kälte entgegenwirken. Kein Schuppenpanzer schützt so wie die Ungenießbarkeit dieser Tiere.

Die Grönlandhaie bleiben besonders lange im Mutterleib

Die Jungtiere dieser Fische schlüpfen noch im Mutterleib aus den Eiern und wachsen dort, bis sie etwa einen halben Meter lang sind. Ihre Geburt braucht Zeit. Das Lebensalter dieser Tiere ist das längste unter allen Wirbeltieren. Diese Fische gehören zur Gattung der sogenannten Schlafhaie. Ihre Bewegungen sind langsam und schläfrig. Ihr Blutkreislauf ist träge. Sie leben in großer Kälte, oft in den Tiefen der nördlichen Meere. Selten tauchen sie empor. Dann kann es sein, dass sie eine Robbe im Schlaf überraschen. Für das Jagen einer wachen Robbe wären sie zu schläfrig. Sie leben wie in einem lang andauernden *Winterhalbschlaf*. Geschlechtsreif werden sie nach 150 Jahren. Eines dieser Tiere, das die Forscher untersuchten, war 512 Jahre alt. Oft geistert dieser Planetarier in Tiefen von 10.000 Metern unter dem Meerespiegel in Eiseskälte herum.

Longue durée Nr. 1

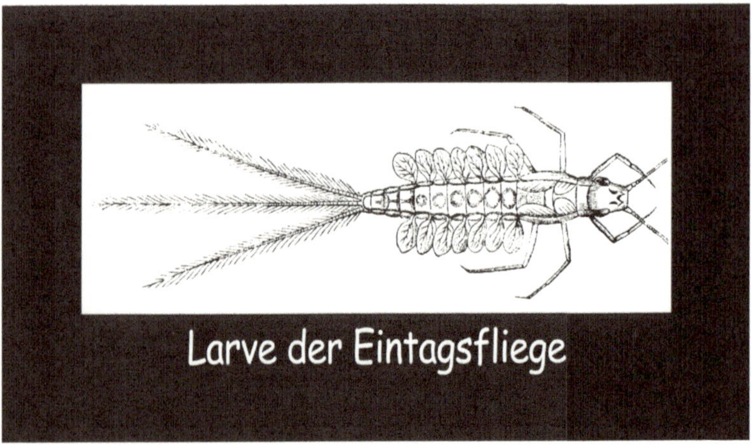

Abb. 6: Die Eintagsfliege hat eine der kürzesten Lebenszeiten.

Abb. 7: Grönlandhai, auch Schlafhai genannt. Höchstalter: etwa 512 Jahre

Bauhaus der Natur / Der Archaeopteryx & die Taube in der Stadt (Columba)

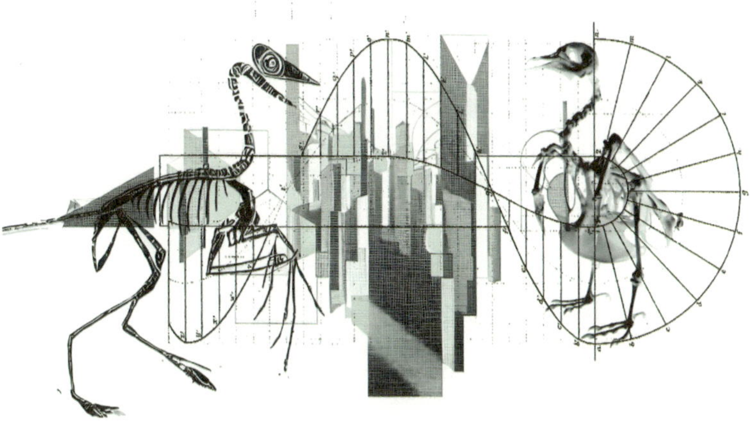

Abb. 8

Abb. 9

Abb. 10: New Yorker Taube

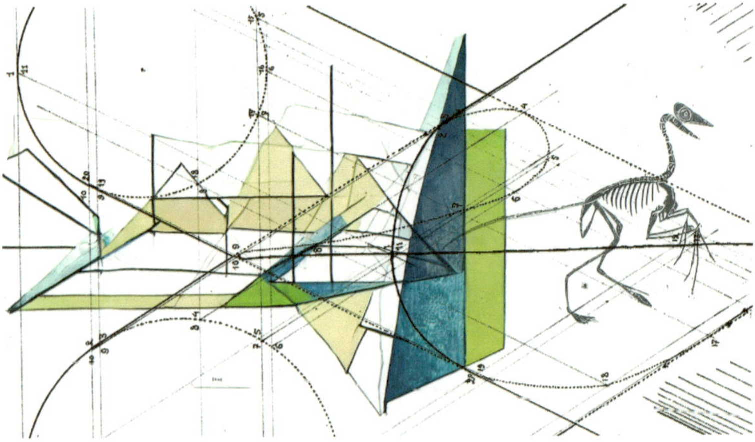

Abb. 11

Abb. 12: Gott bei der Erschaffung des gefiederten Tiers

Abb. 13

2

Die Eleganz der Tiere bei Überwinden der Schwerkraft

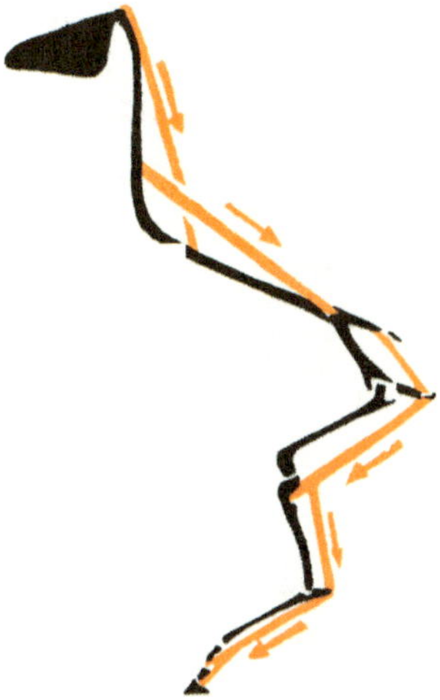

Abb. 14–19: »Oft halten die Tiere
in Gedanken inne. Die Gedanken rasen wild umher.«
(aus dem Film »Eleganz der Tiere bei Überwinden der Schwerkraft«)

Abb. 20

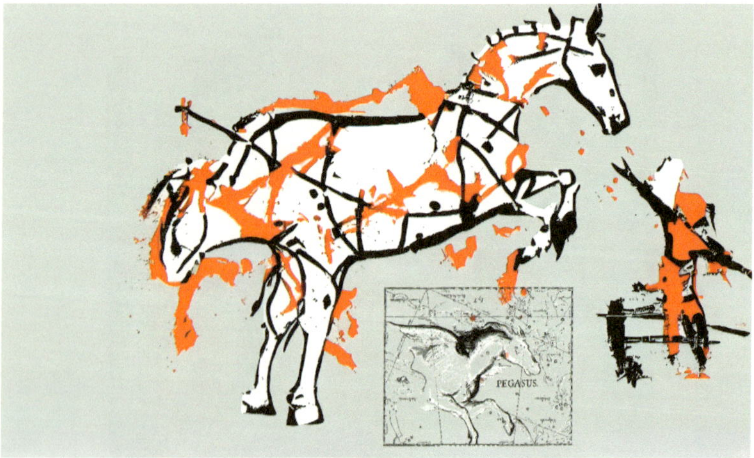

Abb. 21

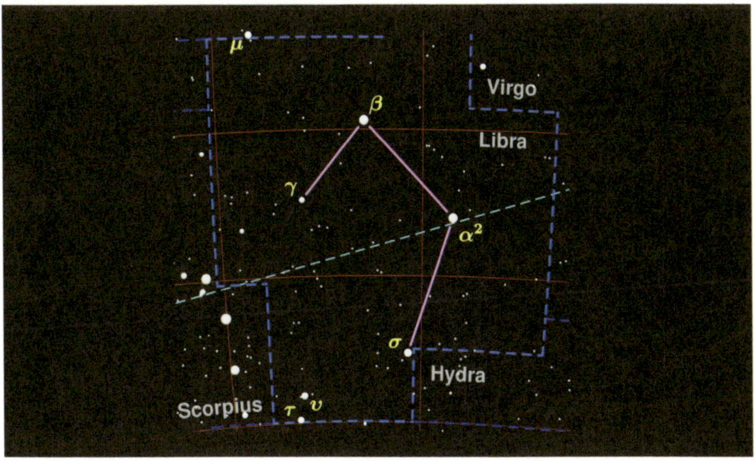

Abb. 22

Abb. 23: Die Menschen geben dem Himmel die Namen.

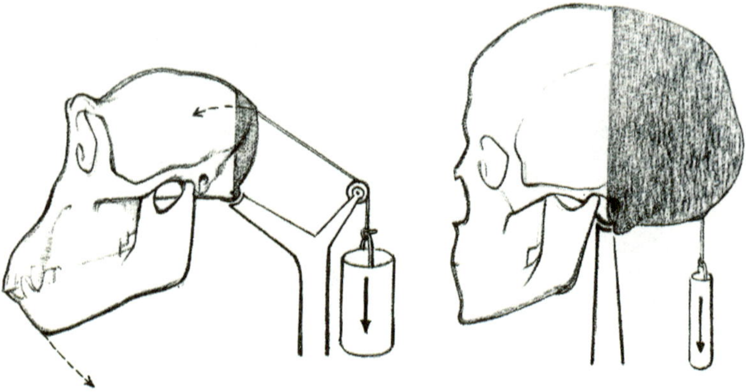

Abb. 24: »Die allmähliche Verfertigung des menschlichen Gehirns durch Verlagerung des Schwergewichts in den Nacken«

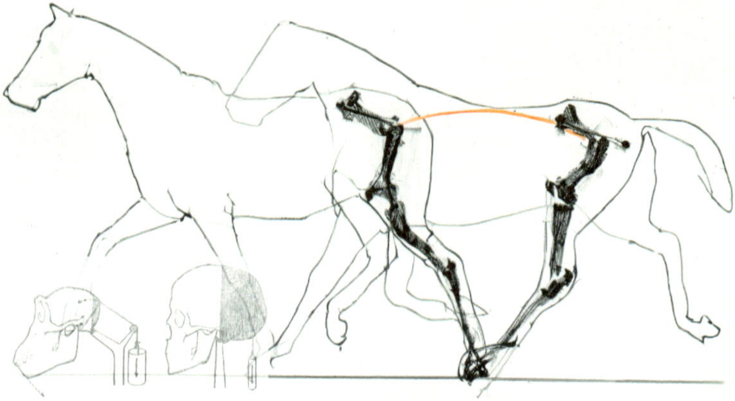

Abb. 25: Im Rhythmus verbundene Beine

Die Walfischlaus / 02:52 Min.

Der Glücksfaktor / Mutter bringt Futter / 03:05 Min.

»Ein Schwarzspecht stirbt« / Lamento / 01:46 Min.

Lamento auf den Tod eines Maulwurfs / Mit Banda Franui / 02:34 Min.

3

Der lange Atem der Lebendigkeiten / »Longue durée«: Zeitalter, aus denen wir Menschen kommen …

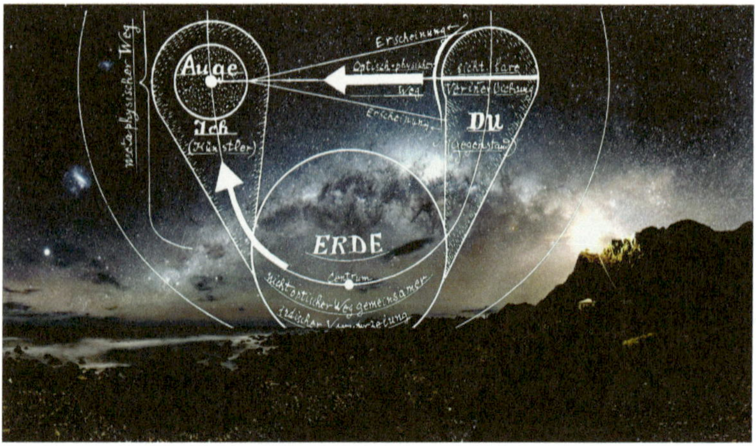

Abb. 26

Abb. 27: »Brüder unterm Sternenzelt« (Druck auf Aluminium, 84 x 48 cm)

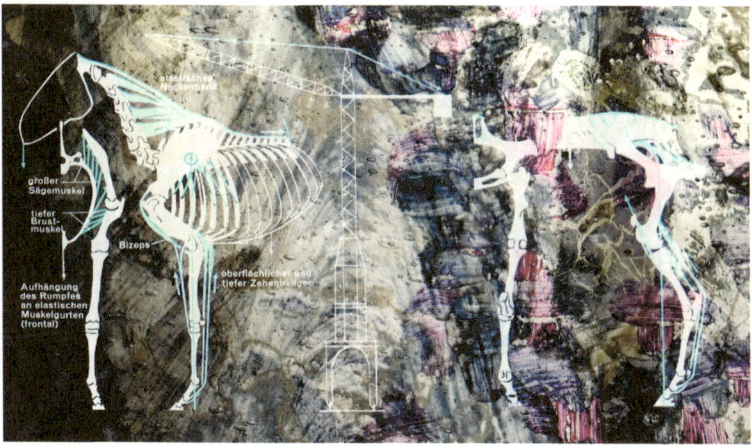

Abb. 28: Der Pferderücken und der Kran

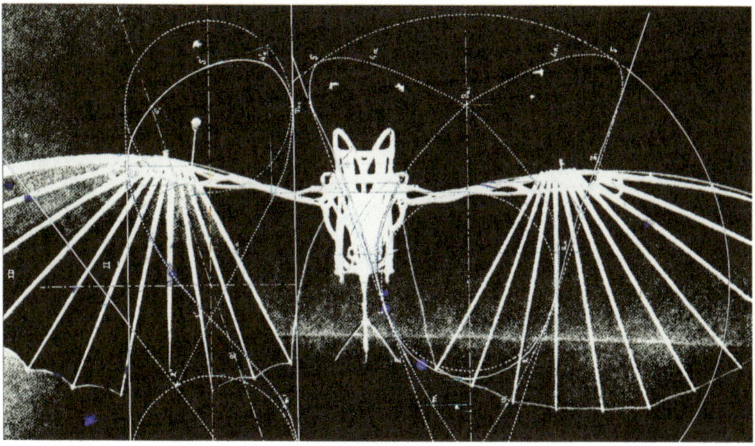

Abb. 29: Die Fledermaus und ihre geometrische Orientierung im Raum

Auskünfte eines Wespenforschers

Dr. Gadagkar, Professor für biologische Ökonomie an der Universität Bangalore, ist Spezialist für die Evolution der Tierwelt in der Nachfolge von Charles Darwin. Seit 25 Jahren studiert er zwei Gruppierungen geselliger Wespen, von denen die eine Gruppe im Süden Indiens, die andere im Norden lebt. Seit etwa 90 Millionen Jahren gibt es staatenbildende Wespen. Sie haben die weltweite Katastrophe des Kometeneinschlags vor 65 Millionen Jahren, die das Saurier-Imperium beendete und die biologische Chance für Säugetiere und Menschen öffnete, als Staatswesen mühelos überbrückt. Die Wespengruppe im Süden scheint die ursprünglichere, primitivere Verfassung zu haben. Die Königinnen knuffen, beißen, drangsalieren in physischem Kontakt die Mitglieder der Gemeinschaft, wenn diese im Arbeitsprozess nachlassen, verteidigen so ihr Königtum und halten zur Arbeit an. Demgegenüber erscheint die nördliche Gruppierung »fortschrittlicher«, da die Königinnen den Stamm der Arbeiterinnen durch Gerüche, die sie absondern und die auf die Wespen wie Drogen wirken, in Disziplin halten. So können diese nördlichen Gemeinwesen umfangreicher werden, wobei wenige Moleküle der Droge ausreichen. Kleine Mengen üben nach Paracelsus in der Potenzierung große Wirkung aus.

Ein Gespräch mit Dr. Gadagkar

NZZ: Sie sprechen von Ihren Wespen, gleich ob in der Natur oder im Labor, mit großer Sympathie. Sie reden von einer *matriarchalen Monarchie.*

Gadagkar: Mit vollem Recht. Die Königin herrscht, die Arbeiterinnen arbeiten zu. Sobald Arbeitsteilung besteht, dass einige sich fortpflanzen, andere nicht, die Brutpflege und der Erwerb von Beute arbeitsteilig erfolgt, sprechen wir von eusozialen Insekten, d.h. von einem Zoon politikon, einem staatenbildenden Tier.

NZZ: Sind die sozialistisch?

Gadagkar: Zweifellos.

NZZ: Bedeutet das, dass Darwins Grundannahme, die Gene seien selbstsüchtig (»selfish«), es gebe keine Gutmütigkeiten im Kampf ums Dasein, widerlegt ist?

Gadagkar: Das hat Darwin so nie gesagt.

NZZ: Was hat er gesagt?

Gadagkar: Alle biologischen Umstände sind in Strukturen vorhanden. Ich habe Zellen, die bilden Organe und Kreisläufe, diese bilden eine Person oder ein Tier, diese bilden Familien oder Gesellschaften, alle gemeinsam sind die Biomasse des Planeten. Einige dieser Strukturen sind stets kooperativ, andere *selfish.*

NZZ: Auf den Kosmos dehnen Sie das nicht aus?

Gadagkar: Was weiß ich? Die Evolution findet auf jedem dieser Stockwerke statt. Kooperation zwischen Zellen und Organen schließt nicht aus, dass Deutsche und Franzosen sich hundert Jahre lang bekämpfen. Das kann im Planetenmaßstab wiederum Frieden bedeuten, weil sich die Ameisen oder Einzeller vermehren.

NZZ: Sie meinen, Einzeller leben von den Toten von Verdun?

Gadagkar: Oder denen des Irak. Auf der einen Ebene Kooperation ums Dasein, auf der anderen Kampf ums Dasein.

NZZ: Und einen Plan kann man nur fassen, wenn man alle Ebenen zusammenfasst?

Gadagkar: Einen Plan kann man überhaupt nicht fassen.

NZZ: Und was macht man stattdessen?

Gadagkar: Das kann ich Ihnen als Biologe nicht sagen.

NZZ: Aber Sie könnten etwas andeuten. Wir lernen aus dem Buch der Natur. Marx schrieb Widmungen und Briefe an Darwin. Gern wäre er der Ökonom der Tierwelt geworden, nicht Ökonom der Menschen.

Gadagkar: Interessant, dass Sie darauf hinweisen. In meiner Jugendzeit schrieb ich einen Essay über Marx und Darwin.

NZZ: In Indien?

Gadagkar: In Bangladesch. Die Denkweise in der Evolution geht umgekehrt. Etwas, das übrigbleibt, zeigt, dass etwas gelernt wurde.

NZZ: Man kann also nicht lernen, etwas bewirken und dann annehmen, dass es Erfolg hat?

Gadagkar: Nein. Das widerspricht dem indischen Erfahrungssatz, »etwas geschehen zu lassen«.

NZZ: An den wir Abendländer nicht glauben müssten.

Gadagkar: Zum Beispiel werden Königinnen in einem Wespenstock von den Arbeiterinnen nicht auf dieselbe Weise gewählt, wie man einen Kanzler oder einen US-Präsidenten wählt. Die Arbeiterinnen (auch bei den Bienen, den Ameisen) beobachten aber ihre Königinnen zu jedem Zeitpunkt. Wird die Königin schwach, d.h. bei den südlichen Wespen in Indien in ihren Knüffen und Bissen, bei den nördlichen in der Abströmung ihrer Drogen, wird sie draußen ausgesetzt, wo sie stirbt. Sie wählen die Königin im Fall des Versagens ab. Die Demokratie funktioniert rückwirkend.

NZZ: So wollen Sie mir die Evolution erklären?

Gadagkar: Im Gegensatz zur Revolution.

NZZ: Ein rückwirkender Lernprozess?

Gadagkar: Wie die »unsichtbare Hand« von Adam Smith.

NZZ: Könnten sich Revolutionäre darauf einstellen?

Gadagkar: Nur die bleiben übrig, die sich darauf eingestellt haben.

Großer Tiefseewal, verirrt in Afrikas Bergen

Ein Walfisch im tektonischen Bett der Menschheit

Geologen der Universität Harvard, die mit deutschen Kollegen nach Skelettfunden in Afrika forschten, entdeckten in Kenias Norden auf 620 Metern Höhe ein Walfischfossil. Der Schädelknochen war 17 Millionen Jahre alt. Es handelte sich um einen Riesenfisch, der nur in der Tiefsee lebte und dort Mollusken jagte. Er hat keine Barten, sondern Zähne. Wie gelangte ein solcher Wal vor 17 Millionen Jahren über 700 Kilometer landeinwärts auf eine Höhe von 620 Metern über dem heutigen Meeresspiegel? Als Tücke des Objekts ging das Fundstück für ein Jahrzehnt im Archiv verloren und wurde erst jetzt in Harvards gespeicherten Schätzen wiederentdeckt.

Den Schlüssel für die Erklärung lieferten Paläogeologen. Als das Tier sich vor so langer Zeit in einer Flussmündung verirrte, waren diese Küste und damit dieser Teil Afrikas flach. Erst später erhob sich, am Grund der Plume (= magmatischer Feuerkessel unter der Kontinentalplatte), Afrikas Ostseite um 600 Meter. Der mäandernde Riesenfluss (ähnlich dem Amazonas), in dem der Wal seinerzeit sacht aufwärtsschwamm, bis ihm die Nahrung ausging, bildete ein Tal, das durch Ostafrikas Vulkane später mit Lava zugedeckt wurde. So gibt das Walfischfossil (wie ein Metermaß) Auskunft über das geologische Schicksal Ostafrikas, jenes tektonischen Gebietes, in dem weitaus später die Menschheit entstand. Das waren zunächst 18.000 Unentwegte der Gattung Homo sapiens, genannt die »Verdrängungshorde«. Sie breitete sich mit ihren Nachkommen vom ostafrikanischen Graben über die ganze Welt aus.

VOR 40 MILLIONEN JAHREN ...

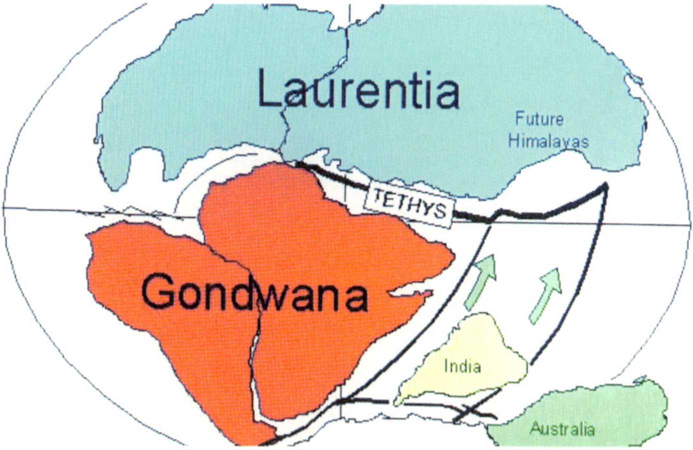

Abb. 30

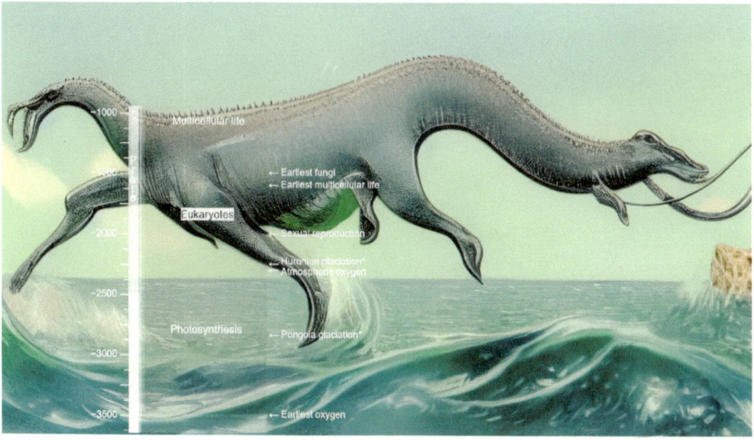

Abb. 31

»Blauwale auf Beinen« / Die Raubsaurier von Pangäa / Die Evolution bastelt

Vor 250 Millionen Jahren waren die Kontinente der Erde zu dem Riesenkontinent Pangäa zusammengeschoben. Angrenzend das Riesenmeer Panthalassa und in einer Riesenbucht der Vorläuferozean des Mittelmeers: die Tethys.

Oliver Rauhut, Kurator an der Bayerischen Staatssammlung für Paläontologie und Geologie, ist auf solche Forschung spezialisiert. Man stellt sich dabei die Dinosaurier mit Schuppen oder mit Schlangenhaut vor. Tatsächlich haben vermutlich alle Dinosaurier (von denen nur die Vögel übriggeblieben sind) die Anlage zu einem Federkleid, gleich ob sie fliegen oder laufen.

Ein Gespräch mit Oliver Rauhut

Alexander Kluge: Sie haben einen jungen Dinosaurier entdeckt, den »Eichhörnchen-Nachahmer«.

Oliver Rauhut: Das ist ein junger Megalosaurier, der zu einer Gruppe von großen Raubsauriern gehört. Der Fund ist klein, weil es ein Jungtier ist, ungefähr 70 Zentimeter.

Kluge: Die Hirnschalenverknüpfung ist noch weich.

Rauhut: Die Verknöcherung ist noch nicht die eines ausgewachsenen Raubsauriers. Die Tiere sind relativ fertig, wenn sie aus dem Ei schlüpfen. Das waren wahrscheinlich Nestflüchter. Von daher war das Skelett gut ausgebildet. Das freut uns, weil unser Exemplar dadurch gut erhalten ist.

Kluge: Das Tier war flauschig.

Rauhut: Bei Fossilien ist es ungewöhnlich, wenn Reste von Federn erhalten sind. Das Tier hatte ein dichtes Federkleid.

Kluge: Ausgewachsen wäre er sechs Meter groß geworden.

Rauhut: Das nehmen wir an, aber nur aufgrund von Vergleichen mit Verwandten, die wir kennen. Von dem Tier haben wir leider keine ausgewachsenen Exemplare. Von daher wissen wir nicht, wie groß er geworden wäre.

Kluge: Sie deuten an, dass die Saurier generell bepelzt sind, keine glatte Schlangenhaut haben, sondern vermutlich alle Federn oder die Anlage dazu hatten.

Rauhut: Man hat die Dinosaurier bislang mit einer reptilienähnlichen Haut rekonstruiert. Aber alle Funde, zusammen mit Entdeckungen aus China, deuten an, dass Federn weitverbreitet waren bei den Dinosauriern. Eventuell bestand sogar bei allen Dinosauriern in der Anlage die Möglichkeit, ein Federkleid auszubilden. Ob das bei den großen Tieren nachher der Fall gewesen ist, ist eine andere Frage. Tiere, die in einem warmen Klima leben, wie Elefanten oder

Nashörner, und groß werden, verlieren häufig die Haare wieder. Das könnte bei großen Dinosauriern ebenfalls so gewesen sein.

Kluge: Alle Vögel sind Dinosaurier.

Rauhut: Ja, aber nicht alle Dinosaurier sind Vögel. Aus Sicht der biologischen Systematik gehören unsere heutigen Vögel zu den Raubsauriern und die Raubsaurier gehören zu den Dinosauriern. Vögel sind veränderte Dinosaurier. Die größten Dinosaurier gehören zu den Sauropoden, den Langhalssauriern. Da gibt es Tiere wie den Argentinosaurus, der wahrscheinlich eine Länge von 45 bis zu 50 Metern erreicht hat und bis zu 100 Tonnen wog. Das sind Blauwale auf Beinen. Das liegt nahe an der Grenze dessen, was denkbar ist für ein Landwirbeltier. Es gibt Berechnungen, wonach für ein Landwirbeltier etwa bei 150 Tonnen die Grenze erreicht ist. Darüber hinaus wäre es nicht mehr lebensfähig.

Kluge: Die Chitinhülle kann bei den Insekten bis zu einem bestimmten Grad Eiweiß transportieren. Aber das Tier kann nicht beliebig schwer werden. Jetzt kommt die Skelettbauweise, die schon deutlich mehr kann.

Rauhut: Die Schwierigkeit liegt in einer mathematischen Funktion. Wir haben das Volumen und damit das Gewicht, das in der dritten Potenz ansteigt. Was letztlich die Festigkeit und die Möglichkeiten der Kraftaufwendung von den Knochen und den Muskeln bestimmt, sind die Durchmesser und die Flächen, die in der zweiten Potenz wachsen. Damit wächst das Gewicht überproportional gegenüber dieser Fläche, die das Gewicht tragen könnte. Bei über 150 Tonnen müsste das Tier nur noch aus Beinen bestehen. Ich interessiere mich auch für die Südhalbkugel, weil die Fauna anders ist. Wir hatten am Anfang der Dinosaurierzeit den Superkontinent Pangäa, der auseinandergebrochen ist. Dann haben sich die Dinosaurier der Südhalbkugel anders entwickelt als die der Nordhalbkugel. Argentinien gehört inzwischen zu einem der großen Schwerpunktländer der Dinosaurierpaläontologie. Dort gibt es hervorragende argentinische Kollegen, mit denen ich gern zusammenarbeite, weil die Logistik und auch die lokale Expertise vorhanden sind.

Kluge: Dort treffen Sie auf einen Hinweis von einem Hirten.

Rauhut: Wir haben normalerweise erste Hinweise, die von Geologen kommen, die dort kartieren und sagen: Wir haben Knochenreste gefunden. Wir schauen uns die geologischen Karten an, um zu sehen, welche Gesteine Dinosaurier enthalten könnten. Dann gehen wir dorthin. Zuerst unterhält man sich mit den Leuten, die vor Ort wohnen. Das sind dort meistens die Landwirte und auch die Hirten. Die kennen sich durchaus mit Anatomie aus und wissen, wie ein Knochen aussieht.

Kluge: Pangäa bedeutet Ganzerde – alle Kontinente zusammengerückt.

Rauhut: Pangäa war der letzte Superkontinent. Im Prinzip gibt es solch eine Konstellation häufiger im geologischen Sinn. Es passiert alle 500 Millionen bis eine Milliarde Jahre. Das hängt damit zusammen, dass die Kontinente sich die ganze Zeit bewegen. Sie ballen sich zusammen, brechen wieder auseinander und treffen sich auf der anderen Seite der Erde erneut. Das sind Zyklen.

Kluge: Aber eine Gravitation üben sie nicht aufeinander aus?

Rauhut: Nein. Diese Bewegungen erfolgen, weil wir den flüssigen Erdmantel haben, in dem Strömungen entstehen. Der Erdmantel heizt sich in der Nähe des Erdkerns auf, Magma steigt nach oben, kühlt sich ab und sinkt wieder nach unten. Dadurch entstehen Konvektionsströme.

Kluge: Das innere Wetter unseres Planeten treibt über Hunderttausende und Millionen von Jahren die Kontinente auseinander oder zueinander, nach dem Zufallsprinzip?

Rauhut: Soweit wir wissen, geschieht es nach dem Zufallsprinzip. Da ist allerdings noch viel Forschung nötig, um das zu verstehen. Inseln gab es, aber alle großen Landmassen, die wir heute kennen, waren zu einem Superkontinent vereinigt. Dementsprechend hatten wir auch einen Superozean.

Kluge: Das war Panthalassa. Dort gab es eine große Bucht.

Rauhut: Das war das Urmittelmeer, die Thetyssee. Entlang dieser Bucht, dieses Urmittelmeeres, hat sich die erste Spaltung des Superkontinents ergeben in einen südlichen Teil, Gondwana, und einen nördlichen Teil, Laurasia. Im Laufe der Dinosaurierzeit sind die kleineren Superkontinente weiter aufgebrochen, bis wir am Ende der Dinosaurierzeit die heutigen Kontinente hatten.

Kluge: Wie muss ich mir Pangäa vorstellen? War es in der Nähe der Küste fruchtbar?

Rauhut: Ja, wobei wir uns extreme Wetterbedingungen vorstellen müssen. Die Winde streichen über einen riesigen Ozean und laden sich mit Wasser auf. Wir werden Feuchtzeiten gehabt haben, in denen es Megamonsune gab. Wir stellen in den Gesteinen auch fest, dass wir Jahreszeitunterschiede haben zwischen wüstenähnlichen Zeiten und Zeiten absoluter Überschwemmungen.

Kluge: Zentralisation ist für die Biologie ungünstig.

Rauhut: Es war so wie heute in Australien oder der Wüste Gobi. Im Inneren war es trocken, und es gab nur Randbereiche, die gut bewohnbar waren.

Kluge: Die Saurier im Süden sind wahrscheinlich nicht nach Norden gewandert.

Rauhut: Da gab es unterschiedliche Bedingungen. Wir haben während der Periode des Superkontinents Pangäa Zeiten mit einer Fauna, die uniform war auf dem ganzen Superkontinent, sodass wir ähnliche Tiere finden in allen Kontinenten. Hier gab es Küstenstreifen, die breit genug waren, sodass die Tiere dort wandern konnten. Es gab aber andere Zeiten, wo der Kontinent durch Wüsten so zerschnitten war, dass sich in den einzelnen Teilen einzelne Faunen ausbilden konnten. Wir müssen uns diese Lebenswelt nicht anders vorstellen als heute. Es sind nur andere Tiere, die verschiedene Präferenzen hatten. Für einige werden Wüsten undurchdringbare Barrieren gewesen sein, andere werden damit besser klargekommen und auch durchgewandert sein. So wird es auch mit Gebirgsketten oder größeren Waldgebieten gewesen sein.

Kluge: Vereist war das nicht?

Rauhut: Nein, insgesamt war das Klima viel wärmer als heute. Es gab zum größten Teil der Dinosaurierzeit keine vereisten Polkappen. Dazu kommen nicht nur diese geografischen Bedingungen, sondern auch die Fremdheit der Fauna und auch der Flora. Es gab keine Laubbäume. Es gab Nadelbäume, Ginkgos und auch Palmfarne. Die nennen wir Palmfarne, obwohl sie weder mit den Palmen noch mit den Farnen etwas zu tun haben. Es handelt sich um Cycadeen, die man heute zum Teil noch als Zimmerpflanzen zieht. Damals gab es sie in Baumform. Es gab keine Blütenpflanzen, die kamen später in der Dinosaurierzeit auf, keine Gräser, keine Blumen. Mit Sicherheit gab es einen niedrigen Bewuchs, aber der bestand hauptsächlich aus Farnen, Schachtelhalmen, also Pflanzen, die uns heute eher exotisch anmuten.

Kluge: Waren die Dinosaurier kaltblütig, warmblütig oder gemischt?

Rauhut: Darüber gab es Diskussionen. Die Frage ist falsch gestellt. Man muss in verschiedene Aspekte unterteilen, ob sie gleichwarm oder wechselwarm waren, ob sie ihre Körperwärme selber herstellten oder auf Wärmezufuhr von außen angewiesen waren. Wir wissen inzwischen, dass das bei den heutigen Tieren in allen Kombinationen vorkommt. Vögel sind wechselwarme Tiere, die in der Nacht ihre

Körpertemperatur herunterfahren, sie aber selber wieder aufheizen. Sie brauchten sich nicht in die Sonne zu legen, wie das heutige Reptilien machen. Man kann sich auch bei den Dinosauriern vorstellen, dass sie verschiedenste Strategien hatten. Die großen Dinosaurier haben das Volumen, das letztlich Wärme produziert, und die Körperoberfläche, die Wärme abgibt. Je größer ich werde, je besser ist das Verhältnis des Volumens zur Fläche. Die größten Dinosaurier werden eher Probleme mit Überhitzung gehabt haben als damit, die Körpertemperatur zu halten. Andererseits sprechen diese Funde vom Federkleid bei Dinosauriern dafür, dass viele der Tiere Wärme bewahren und damit auch ihre eigene Wärme herstellen konnten.

Kluge: Eine Feder besteht aus einem Hohlkörper.

Rauhut: Federn sind vielfältig, gerade bei den heutigen Vögeln. Die einfachste Art der Feder ist die Daunenfeder. Jede Daunenfeder ist wie ein kleines Haarbüschel. Im Gegensatz zu Haaren sind die Federn hohl und haben einen größeren Durchmesser. Dann gab es später die Konturfedern. Das sind zum Beispiel die Schwungfedern bei den heutigen Vögeln. Die bestehen aus einem zentralen Ast, von dem Seitenzweige abgehen, die kleinere Seitenzweige haben. Das sind die Federn, die ein Vogel braucht, um zu fliegen. Die Ordnung in einer Vogelfeder ist extrem. Die Elemente sind präzise angeordnet und untereinander verhakt, damit nichts durcheinanderkommt und der Flügel, den sie bilden, auch eine Festigkeit besitzt. Bei einem fliegenden Tier ist jeder Konstruktionsfehler tödlich. Deswegen muss so eine Feder eine Hochleistungskonstruktion sein.

Kluge: Die Evolution bastelt – sie findet wie ein Ingenieur etwas heraus.

Rauhut: Es ist ein langes Trial-and-Error-Spiel. Letztlich sind die Endprodukte besser als das, was der Mensch sich bisher ausdenken konnte.

Kluge: Die Haare eines Bären sind dagegen zottelig.

Rauhut: Sie dienen dazu, den Bären warm zu halten. Dafür sind sie besser geeignet als die Schwungfedern, weil die aufgrund ihrer hohen Festigkeit kaum Wärme halten können.

Kluge: Die Haut wiederum kann Hitze abgeben und Wärme aufnehmen. Schon Bären haben es schwer, wenn es warm wird und sie lange laufen. Ein Jaguar ist in seinem Jagdverhalten gebremst, weil er überhitzt bei der Verfolgung. Wie ist das beim Raubsaurier?

Rauhut: Die werden aufgrund ihrer Größe Probleme gehabt haben mit Überhitzung. Aber wir wissen nicht, was sie sonst für Möglichkeiten hatten. Man findet die Weichteile nicht mehr, aber die Raubsaurier hatten eine Lunge wie die heutigen Vögel, deren Lunge anders gebaut ist als die eines Säugetiers. Sie ist fünf bis sieben Mal so effektiv wie eine Säugetierlunge. Luftsäcke, die von der Lunge ausgestülpt werden, sind im gesamten Körper verteilt. Die heutigen Vögel nutzen diese Luftsäcke unter anderem dazu, um die Hitze abzugeben, welche die Flugmuskulatur beim Fliegen erzeugt. Bei den Raubsauriern sehen wir etwas Ähnliches. Die Knochen sind hohl, offenbar waren sie gefüllt mit Luftsäcken, die von der Lunge kommen. Wahrscheinlich befanden sich auch in den Weichteilen solche Luftsäcke. Vermutlich dienten diese Luftsäcke unter anderem zur Kühlung des Tieres.

Kluge: Sie haben Luftsäcke, wo bei uns das Knochenmark sitzt.

Rauhut: Natürlich hatten sie auch Knochen mit Knochenmark, aber viele Knochen waren ausgehöhlt und enthielten Luftsäcke, was das Gewicht verringert.

Kluge: Ist das Gehirn bikameral wie bei uns?

Rauhut: Wir kennen das Gehirn der Raubsaurier durch Ausgüsse vom Hirnschädel. Heutige Reptilien sind größeren Temperaturschwankungen ausgesetzt; das Gehirn füllt nicht den gesamten Hirnraum aus. Vielmehr ist es in eine Fettschicht eingepackt, damit die Temperaturschwankungen nicht so groß sind. Das Gehirn hat sonst Schwierigkeiten. Wenn wir nur den Hirnschädel haben, aber nicht das Gehirn selber, ist es schwierig, zu interpretieren, wie das Gehirn ausgesehen hat, weil es in dieser Fettschicht eingepackt war. Bei den Vögeln füllt das Gehirn den gesamten Hirnraum aus. Sie haben das Problem nicht mehr, weil sie ihre Körpertemperatur selber bestimmen. Bei den Dinosauriern sehen wir (je weiter wir in Richtung Vogel kommen), dass das Gehirn immer stärker den Hirnraum ausgefüllt hat. In der Entwicklungslinie zu den Vögeln beobachten wir, wie das Gehirn immer vogelähnlicher wird. Ein heutiges Reptil, also ein Krokodil etwa, hat ein längliches Gehirn, in dem die einzelnen Hirnteile hintereinander angeordnet sind. Beim Gehirn des Vogels liegt, ähnlich den fortschrittlichen Säugetieren, das Vorderhirn über dem Kleinhirn und es gibt eine Beugung im Hirnstamm.

Kluge: Das sieht wie ein Klumpen aus.

Rauhut: Die Vorderhirnhälften werden größer und legen sich über das Hinterhirn, wodurch es kugelförmig wird. Das sehen wir bei diesen Raubsauriern. Es bildet sich im Laufe der Zeit immer stärker aus; diese Beugung ragt bis in den Gehirnstamm und auch die Vorderhirnhälften werden immer größer. Die relative Größe des Gehirns bei den Dinosauriern ist variabel. Wir haben Dinosaurier, die kleine Gehirne haben. Man nimmt als Standard das Krokodil als reptilischen Vergleich. Dann setzt man die Gehirngröße beim Krokodil als 1 und misst dagegen die Gehirngröße bei anderen Tieren. Wir haben Dinosaurier, die auf 0,3 kommen, die nur 30 Prozent der Gehirngröße im Vergleich zur Körpergröße der Krokodile haben.

Kluge: Vor 150 Millionen Jahre bricht Pangäa auseinander.

Rauhut: Die erste Trennung zwischen den beiden Kontinenten durch einen Ozean ereignete sich vor etwa 150

Millionen Jahren. Dann entstand in den 100 Millionen Jahren darauf der Nordatlantik, trennte also Europa von Nordamerika. Im Süden bildete sich der Südatlantik, trennte Afrika von Südamerika und es entstanden die Wasserwege, die Indien separiert haben. Indien gehört geologisch gesehen zu den Südkontinenten, auch Australien, Afrika und Südamerika.

Kluge: Was nennt man den Japetus-Ozean?

Rauhut: Der ist noch älter. Das war ein Uratlantik, der vor Pangäa existierte. Wo heute Europa liegt, gab es einen Kontinent, den man als Old-Red-Kontinent bezeichnete und der Teile von Europa und Nordamerika umfasste.

Kluge: Schläft ein Dinosaurier nachts?

Rauhut: Der ruht sich mit Sicherheit aus. Vögel schlafen durchaus. Von daher gehen wir davon aus, dass auch Dinosaurier geschlafen haben. Wie sie das getan haben, ist eine andere Frage. Diese großen Tiere hatten vermutlich Schwierigkeiten, wenn sie sich hingelegt haben, wieder aufzustehen. Heutige Pferde haben die Möglichkeit, im Stehen zu schlafen. Das könnte man sich für einen Dinosaurier auch vorstellen. Die großen Raubsaurier schlüpften aus Eiern; die Tiere waren relativ klein, wenn sie schlüpfen. Diese Eier waren nicht sonderlich groß. Die größten Dinosauriereier, die wir kennen, haben die doppelte Größe eines Straußeneis. Deshalb waren diese Tiere klein. Der Raubsaurier, den wir beschrieben haben, war 70 Zentimeter groß. Die Eltern waren sechs, sieben oder acht Meter, vielleicht sogar noch größer.

Kluge: Ein kleiner Dinosaurier ist ein schnelles Tier. Gibt es Typen des Raubsauriers, die das Mittelfeld, den leichten Panzer, darstellen?

Rauhut: Die Raubsaurier sind eine vielfältige Gruppe, in der es Exemplare gab, die als erwachsene Tiere nur 70 oder 80 Zentimeter gemessen haben. Das ging bis zu den 18-Meter-Riesen, den Spinosauriern. Es gab jede Größe und viele Anpassungstypen. Der Velociraptor wird im Film *Jurassic Park* viel zu groß dargestellt. Ein Velociraptor ist ein Tier von zwei Metern Länge. Die hatten einen langen Schwanz. Das Tier war 50 Zentimeter hoch.

Kluge: Was ist der Anreiz in der Natur, in der Evolution, Riesen hervorzubringen?

Rauhut: Riesenwachstum hat den Vorteil, dass man den Räubern entkommt. Je größer ich bin, desto weniger Raubtiere gibt es, die mich angreifen können. Außerdem brauchen große Lebewesen, im Verhältnis zu ihrer Körpermasse, weniger Nahrung. Sie haben eine größere Überlebenschance.

Kluge: Man sagt, dass der evolutionäre Vorteil auf der Seite der Kleinen liegt. Bei unseren Vorfahren, den Baumkletterern, mag das so gewesen sein.

Rauhut: Kleine Tiere haben einen schnelleren Generationswechsel. Je größer ein Tier wird, desto länger braucht es, um auszuwachsen, und desto länger braucht es, bis es geschlechtsreif wird, um sich fortzupflanzen. Das hat im evolutiven Bereich den Vorteil, dass das Tier in der Lage ist, sich schneller an neue Bedingungen anzupassen, weil es in derselben Zeit über mehrere Generationen passiert. Außerdem können sich die kleineren Arten von Katastrophen schneller erholen, weil die Generationszeit kürzer ist.

Kluge: Zu Pangäa gehörte auch der Teil, der heute Europa ist.

Rauhut: Im Laufe des Jura und auch in der Kreidezeit wurden große Teile Europas überflutet. Wir hatten hier zur Jurazeit ein Flachmeer. Wir waren die Nordküste des Mittelmeeres, weil es die Alpen noch nicht gab. Bayern war damals ein tropisches Flachmeer. Der Südkontinent Gondwana bestand aus den Kontinenten Südamerika, Afrika, Antarktika, Australien, Indien, Madagaskar und Neuseeland. Madagaskar gehörte geologisch gesehen zu Indien und Indien gehörte zu den Südkontinenten. Es ist erst in der spätesten Kreidezeit, also gegen Ende der Dinosaurierzeit, mit Asien kollidiert.

Kluge: Antarktika war ohne Eisschild?

Rauhut: Antarktika war der südlichste Teil und sowohl mit Südamerika, Afrika und Indien als auch mit Australien verbunden.

Kluge: Das ist eine Schatztruhe.

Rauhut: Es gibt Funde aus Antarktika; auch durch die Eisschmelze macht sich das bemerkbar. Der am weitesten südlich gefundene Dinosaurier ist Cryolophosaurus, der eisgekühlte Saurier. Er stammt von den Transantarctic Mountains. Die liegen nur 400 Kilometer vom Südpol entfernt.

Kluge: Wie schnell waren die Tiere?

Rauhut: Wir haben nur die Möglichkeit, anhand von Knochen und den Muskelansatzstellen zu vermuten, wie schnell sie gelaufen sind. Allerdings haben wir auch Fußspuren. Anhand der Fußspuren kann man ungefähr berechnen, wie schnell das Tier gelaufen ist. Die schnellste Geschwindigkeit, die wir bisher anhand einer Fußspur ermittelt haben, liegt bei etwa 45 Stundenkilometern. Das war kein Velociraptor, sondern ein Raubsaurier, der ungefähr eine Tonne gewogen hat. Der ist auf einem Boden gelaufen, der weich genug war, um Fußspuren zu hinterlassen. Auf so einem Boden wird er nicht seine Höchstgeschwindigkeit laufen. Anhand von theoretischen Überlegungen nimmt man an, dass die schnellsten Dinosaurier, also die Ornithomimosaurier, Geschwindigkeiten um die 70 oder 80 Stundenkilometer erreichen konnten.

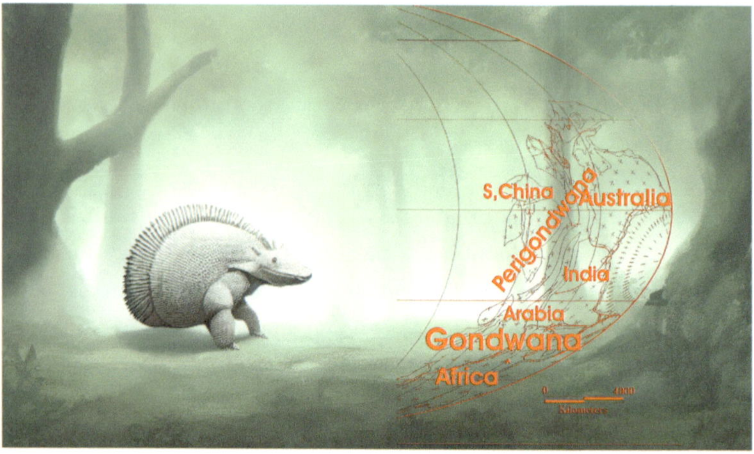
S,China
Perigondwana
Australia
India
Arabia
Gondwana
Africa
0
4000
Kilometers

Abb. 32

Panthalassischer Ozean
Sibirien
Allegheny
Mountains
Kasachstania
Nordchina
Südchina
Tethys-Meer
Mittel-Pangäa
Gondwana

Abb. 33

Abb. 34

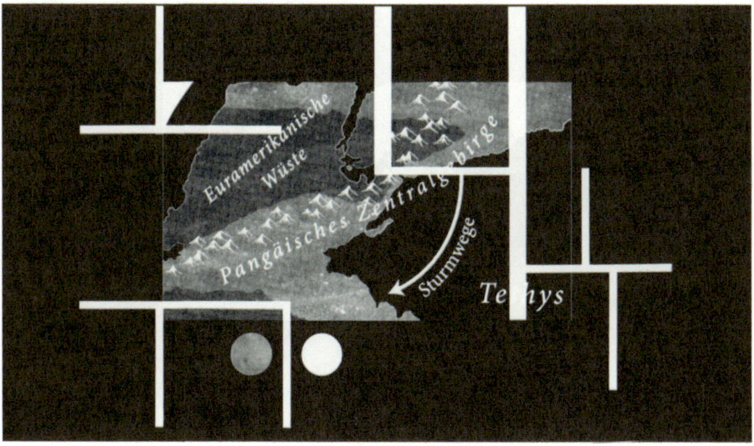

Abb. 35: Die Ostküste von Pangäa.
Vom Gebirge im Norden bis zur Küste im Südwesten permanent Sturm.
Hundertjährige Winde

Abb. 36: Tiere der Vorzeit aus Antarktika

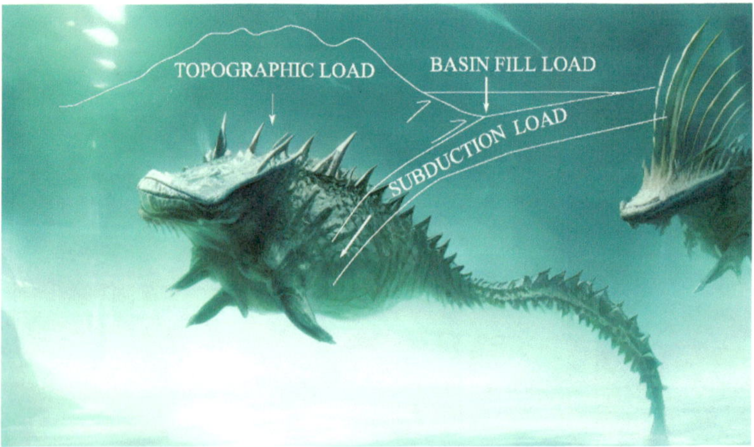

Abb. 37: Zeit der Steinkohle (vor etwa 300 Millionen Jahren)

Raubwanderung

Zwischen dem Roten Meer und den Wassern des Mittelmeeres besteht ein Gefälle. Die Öffnung des Suezkanals im Jahre 1869 hatte zur Nebenfolge – die den Festgästen aber nicht auffiel –, dass unterhalb der Schiffe, die den Kanal zu befahren begannen, ein Fluss oder Strom neuer Fischarten ins Mittelmeer hineinwanderte. Bis 1944 hatten sie das östliche Becken und über die Meerenge bei Malta das westliche Mittelmeer erreicht. Wo sie erschienen, zerstörten sie die seit der Antike siedelnden Fischbestände des Binnenmeeres. Nie hätten sie den Weg hierher über die Ozeane hinweg und durch die Meerenge von Gibraltar gefunden. So aber, plötzlich, weil unter der trügerischen Wasserfläche des Kanals »eingesickert«, eroberten sie das Seegebiet. Sie fraßen nicht die Einheimischen, sagen die Ichthyologen, sondern nahmen ihnen die Nahrung. Nur noch übertroffen durch die Männer und Frauen des Menschengeschlechts, welche die größten Raubwanderer von allen sind. Sie zerstören grundsätzlich alles, was vor ihnen am Ort vorhanden war.

Nachricht von blinden Fischen

Aus unterirdischen Quellen des Zāgrosgebirges im Irak (heute von Kurden autonom verwaltet und verteidigt) traten vor kurzem unbekannte, blinde Fische hervor. Sowie sie ins Freie kamen, fielen die mehrere tausend Jahre alten Geschöpfe – wehrlos – den Vögeln zum Opfer. Forscher retteten einige Exemplare der bis dahin unbekannten Spezies. Im Meer, in den Flüssen und in den Wassern unter der Erde existieren mehr Fische, mehr Unbekanntes, als wir meinen.

Von den großen Wanderungen der Fische weiß man viel. Aber noch immer sind breite Teile dieses Geschehens voller Rätsel. Sigmund Freud schrieb seine Doktorarbeit über den sexuellen Drang der Aale, der diese Tiere aus den Flüssen über den Atlantik in die Karibik und in der nächsten Generation wieder zurück aus der Salzwüste zu den Süßwasserquellen treibt.

Der Ichtyologe Jörg Freyhof über Unbekanntes aus dem Reich der Fische

Jörg Freyhof: Der Irak ist eine heterogene Einheit; diese Funde kommen aus dem irakischen Kurdistan. Es hatte stark geregnet, und im März 2016 sind neue Quellen entstanden. Aus einer Quelle sind Fische gespült worden, die man noch nie gesehen hatte. Auch die Anwohner kannten die Tiere nicht. Es waren Tausende Fische, alle waren weiß, rosa und blind. Es handelte sich um Untergrundfische, von denen man nur wenige Arten kennt. Es gab Kollegen von der Universität in der benachbarten Stadt Sulaimaniyya, die dorthin gefahren sind und Tiere für die Wissenschaft gerettet haben. Diese Untergrundfische sind hilflos an der Oberfläche. Sie haben keinen Fluchtreflex, sehen nichts. Diese optische Fähigkeit benötigen sie im Untergrund nicht. Die Fische sind überwiegend von Vögeln gefressen worden.

Alexander Kluge: Dabei handelt es sich um eine Schmerle. Was ist das?

Freyhof: Schmerlen sind Süßwasserfische, die von Spanien bis nach Japan, Korea und Indien vorkommen. Das ist eine Riesengruppe von vermutlich 1000 Arten. Auch bei uns gibt es sie als heimische Schmerlen.

Kluge: Diese Fische sind nicht alle blind, sondern nur die, die unterirdisch leben.

Freyhof: Die meisten sind normale Oberflächenfische. Es gibt aber relativ viele blinde Tiere. Weil die nicht besonders gut sehen können, tun sie sich nicht schwer, sich an einen unterirdischen Lebensraum anzupassen.

Kluge: Das sind Höhlen?

Freyhof: Man kennt solche blinden Fische vor allem aus Höhlen, auch aus China. Weiter westlich sind es meistens

Grundwasserspeicher; zum Beispiel durch Quellen kommen die Tiere an die Oberfläche.

Kluge: Was fressen sie dort unten?

Freyhof: Das weiß kein Mensch. Wahrscheinlich kleine Organismen, die ebenfalls im Untergrund leben. Auch in Deutschland gibt es eine Grundwasserfauna, die artenreich und schlecht untersucht ist. Wenn Sie hier einen Grundwasserbrunnen bohren und das Wasser trinken, sind höchstwahrscheinlich Tiere enthalten, die im Grundwasser leben. Fische sind wie alle Wirbeltiere (wie beim Vogelzug oder der Gnuwanderung) hoch mobil. Es gibt viele jahreszeitliche Bewegungen, die Lachswanderung zum Beispiel. Es gibt auch Ausbreitungsbewegungen, die wir mit fremdländischen Arten in Verbindung bringen, den Alien Species.

Kluge: Was ist das?

Freyhof: Das sind Arten, die meistens mit menschlicher Hilfe ihr Verbreitungsgebiet ausdehnen, zum Beispiel indem ihre Jungen im Ballastwasser von Schiffen sich aufhalten und vom Schwarzen Meer in die großen amerikanischen Seen oder den Rhein hochgeschifft werden. Manchmal werden sie in Aquarienbeuteln in Berliner Gewässern ausgesetzt.

Kluge: Der Suezkanal wird gebaut von den europäischen Mächten und mit Giuseppe Verdis *Aida* eingeweiht. Die Wasserstraße hat eine abschüssige Strömung vom Indischen Ozean zum Mittelmeer. Da findet auch eine Einwanderung statt.

Freyhof: Der Suezkanal ist nur der Weg, der geöffnet und lange kaum begangen wurde. Es gab einen Vorläufer des Suezkanals, über den keine Arten aus dem Roten Meer ins Mittelmeer gekommen sind. Das hat erst begonnen, als man das Wasser des Nils in Ägypten staute. Als die Süßwasserblase vor der Nilmündung wegfiel, fing die Einwanderung an. Das hat die Fischgemeinschaften und die Ökosysteme vor allem im östlichen, aber auch im gesamten Mittelmeer verändert. Da gibt es einen Kugelfisch, der über einen Meter lang wird. Der beißt den Badenden oder Tauchern die Zehen ab. Aus dem Roten Meer kennt man das; aus dem Mittelmeer nicht. Der ist hochgiftig. Aber es gibt auch ökonomisch interessante Arten für die Menschen, die vom Fischfang leben. Die Spanische Makrele, die von großer ökonomischer Bedeutung ist, ist eingewandert. Den Fischern geht es mit den Rotmeerarten im Mittelmeer besser. Leider sind noch keine Korallen ins östliche Mittelmeer eingewandert, obwohl das Klima schon längst passend ist.

Kluge: Könnte man solche Korallen pflanzen, also Plantagen anlegen?

Freyhof: Das könnte man. Aber das Ausbringen fremdländischer Organismen ist illegal. Sie müssen dafür eine spezielle Genehmigung bekommen.

Kluge: Was sind typische Fische im Mittelmeer?

Freyhof: Das Mittelmeer besitzt nicht viele typische Fische. In der Messinischen Salinitätskrise, als die Straße von Gibraltar sich durch Vulkanausbrüche verschlossen hatte, ist das Mittelmeer innerhalb weniger tausend Jahre ausgetrocknet. Es gab eine riesige Salzkruste, und die Elefanten sind von Afrika nach Europa gelaufen. Alles, was es an Fischen im Mittelmeer gab, ist damals höchstwahrscheinlich ausgestorben. Dieses ausgetrocknete Mittelmeer gab es ein paar Tausend Jahre. Dann brach die Gesteinsmauer bei Gibraltar wieder auf. Seitdem haben wir eine atlantische Fauna im Mittelmeer. Es gibt dieselben Fische wie im Atlantik.

Kluge: Bei Neufundland bleiben die Heringsschwärme zusammen, damit sie sich besser vermehren können.

Freyhof: Die bleiben zusammen, weil sie sich gegenseitig schützen. Wasser leitet den Schall weiter als Luft. Die Wale können sich über die weiten Wasserflächen der Nordhalbkugel bis in die der Südhalbkugel miteinander unterhalten, weil der Schall so weit trägt. Die Meeresfische, die im offenen Ozean leben, also im Pelagial, finden sich an tradierten Stellen zusammen. Ähnlich wie die Lachse kommen sie dahin zurück, wo sie geboren wurden. Die können sich auch akustisch verständigen. Die Blauflossen-Thunfische, die bei den Balearen laichen, sind besendert worden. Sie schwimmen durch den Atlantik bis an die amerikanische Küste. Dort fressen sie wochenlang. Wenn sie bereit sind, sich fortzupflanzen, schwimmen sie dorthin zurück, wo sie herkommen. Sie schwimmen durch den Atlantik, durch die Straße von Gibraltar, um sich mit ihren Artgenossen bei den Balearen zu treffen.

Kluge: Sigmund Freud hat seine Doktorarbeit über Aale geschrieben. Er hat sich gewundert, dass sie alles, was in ihnen ist, auf ihrer langen Wanderung verbrauchen – außer den Geschlechtsorganen. Sie kommen als reines Geschlechtsorgan an.

Freyhof: Dann laichen sie und sterben. Ihre Nachkommen schwimmen zurück. Aber die Nachkommen wissen nicht, woher die Erwachsenen kamen.

Kluge: Wie finden sie das heraus?

Freyhof: Das ist anders als bei den Lachsen, die wissen, wo sie geboren wurden, weil sie es sich gemerkt haben, als sie abwanderten. Die Aale schwimmen mit der Strömung. Sie schwimmen zum erheblichen Teil mit dem Golfstrom, entlang der nordamerikanischen Küste, dann oberhalb von Großbritannien und gelangen durch den großen Sog ins Mittelmeer.

Kluge: Das ist wie bei der Spanischen Armada, aber in umgekehrter Richtung. Dann kommen die Aale in die Flussmündungen.

Freyhof: Sie machen eine Art Metamorphose durch, sie wandeln sich. Vorher sind sie blattartige Tiere, die sich mehr oder weniger passiv bewegen. Wenn sie die Flussmündungen erreichen, müssen sie eine gewisse Reife, ein gewisses Alter, ein gewisses Entwicklungsstadium erreicht haben. Dann machen sie eine Metamorphose durch und werden zu den Glasaalen, die in die Flussmündungen aufsteigen.

Kluge: Sie gelangen bis zu den Quellen.

Freyhof: Die Aale wandern langsam die Flüsse hinauf. Wenn der Aal im untersten Bereich genügend Futter findet, wandert er nicht weiter. Aber wenn es viele Aale und viel Konkurrenz gibt und er kaum Futter findet, wandert er jahrelang weiter. Deswegen finden Sie in einem großen Fluss wie dem Rhein die größten Aale weit oben. Wenn sie reif sind, um sich fortzupflanzen, wandern die Aale im Herbst von dort weiter. Die unten gebliebenen wandern nicht so weit. Aber alle Aale wandern.

Kluge: Wie lange machen sie das schon?

Freyhof: Es gibt aus der Grube Messel bei Darmstadt, aus dem Eozän, also vor 40 Millionen Jahren, Funde von aalartigen Fischen. Wahrscheinlich ist er noch älter.

Kluge: Welche Wanderfische gibt es noch?

Freyhof: Die Lachse machen es anders als die Aale. Die laichen im Oberlauf, in Bächen an der Elbe, im berühmten Lachsbach oder in der Stepenitz in Brandenburg. Die Jungfische bleiben meistens zwei Jahre im Süßwasser. Dann wandern sie ins Meer, verbringen zwei Jahre dort. Viele schwimmen bis nach Grönland, um dort zu fressen. Dann kommen sie zurück, laichen und sterben.

Kluge: Wie kommt es, dass sie sich so wandeln können von einem Süßwasser- in einen Salzwasserfisch?

Freyhof: Das hängt mit der Osmoregulation zusammen. Ein Lachs, der sich im Süßwasser befindet, muss ständig Wasser ausscheiden, das in ihn eindringt. Ein Lachs, der sich im Meer befindet, ist süßer als das Meerwasser. Er muss ständig verhindern, dass er austrocknet, weil das Salzwasser ihm das Wasser entzieht. Die Lachse haben ein spezielles Organ dazu und können innerhalb von Stunden ihre Physiologie verändern. Die Verschwörungstheoretiker der Biologie nehmen gerne den Aal, um zu behaupten, dass solch ein Zyklus unwahrscheinlich ist und es keine Evolution gibt. Aber wenn man sich die Gruppe dieser Fische anschaut, gibt es Vorläufer und Zwischenstadien. Die Lachse zum Beispiel sind relativ weit entwickelt in diesem System. Die Forellen sind variabel. Manche wandern in den Ozean aus, andere bleiben an der Küste, andere im Fluss, andere im Mündungsbereich. Andere wandern nie. Es gibt alle Übergangsmöglichkeiten. Man sieht es auch bei den Larven von Insekten oder Fröschen. Es gibt in der Entwicklungszeit eines Organismus eine Phase, wo die Kaulquappe besser überleben und fressen kann als das ausgewachsene Tier, der Frosch. Auch die Raupe kann leichter an Masse und Gewicht zunehmen als der Schmetterling, der nicht mehr wachsen kann. Es gibt eine Art Diversifizierung. Das ist bei Wirbeltieren, vor allem bei den Amphibien, am stärksten ausgeprägt. Es gibt Meeresfische mit speziellen Larven. Die Weidenblattlarven der Aale weisen eine spezielle Anpassung an das Leben im freien Ozean vor. Sie können sich aber so nicht fortpflanzen, weil sie nicht genug Masse aufbauen können. Sie können nicht schnell genug fressen.

Kluge: Wie sieht die Weidenblattlarve aus?

Freyhof: Der Aal ist bekanntlich schlangenförmig. Er hat nicht viel Angriffsfläche für die Strömung. Die Weidenblattlarve ist flach, durchsichtig und hochrückig. Sie kann viel leichter mit der Strömung treiben. Sie wirkt wie ein Blatt im Wind. Weil sie durchsichtig ist, ist sie für Fressfeinde kaum zu sehen. Wenn die jungen Aale so aussehen würden wie die alten Tiere, hätten sie die große Wanderung über die Meere wahrscheinlich nicht machen können.

Kluge: Was ist der kleinste Fisch, den es gibt?

Freyhof: Darüber wird immer gestritten. Ein paar Jahre glaubte man, es sei ein Karpfenfisch aus Südostasien,

Paedocypris, der acht oder zehn Millimeter lang ist. Heute kennt man eine noch kleinere Meergrundel. Gerade in den Riffen und überall dort, wo viel Struktur ist, gibt es kleine Hohlräume, wo diese Fische sich aufhalten können. Ein Riff ist wie ein riesiger Schwamm.

Kluge: Was ist der größte Fisch, wenn Sie von dem Säugetier Wal absehen?

Freyhof: Wenn Sie die Haie gelten lassen, wäre es der Walhai oder der Riesenhai. Ansonsten gehören Mondfische zu den größten Fischen, auch Marline und Thune.

Kluge: Wie sieht der Mondfisch aus?

Freyhof: Der Mondfisch ist rund, mit zwei langen Flossen oben und unten. Überwiegend leben die Mondfische von Quallen. Sie heißen Mondfische, weil sie eine lumineszierende Oberfläche haben. Sie fressen in der Tiefsee, wo es kalt ist. Sie kommen gelegentlich hoch, legen sich an die Oberfläche, um sich zu sonnen, damit sie wieder warm werden. Im Englischen heißen sie Sonnenfische.

Kluge: Die Mondfische machen an der Oberfläche eine Art Verdauungssiesta?

Freyhof: Das ist die Theorie. Sie kommen hoch, um besser verdauen zu können.

Kluge: Wie viele Fischarten gibt es vermutlich?

Freyhof: Momentan kennen wir ungefähr 40.000 Arten. Aber wahrscheinlich sind es eher um die 100.000.

4

Unbeliebtheit mordender Tiere im Zirkus / Beliebtheit satter Tiger / Höflichkeit unter Hyänen

Unablässige Töter sind eine Rarität

Ich kenne keine Raubtiere, außer dem Marder und dem Hermelin, die »auf Vorrat töten«, d.h. ihre Beute umbringen, ohne dass sie hungrig sind. Die unablässigen Töter sind eine Rarität.

Als Zuschauerattraktion sind sie für das Zirkuspublikum nicht akzeptabel. Es ist schrecklich, dem Morden zuzusehen.

– Sie sind wohl auch zu klein. Schon von den Logensitzen, die an die Manege grenzen, wären sie, auch wegen der Raschheit ihrer Taten, kaum zu sehen.
– Was man sieht, ist das Blut. Die aufgewirbelten Federn, wenn es sich um Federvieh handelt, das sie morden, oder die vergebens davonrennende, ebenfalls kleinwüchsige Beute.
– Legen sich diese Töter auch mit größeren Tieren an?
– Mit Füchsen. Trotzdem wären Zweikämpfe immer noch ein zu geringfügiges Objekt für eine wirksame Darbietung im Zirkus.
– Sie bezweifeln den Unterhaltungswert?
– Man sieht ein sich rasch vollziehendes Chaos. Etwas Genaues sieht man nicht. Außerdem ist es extrem aufregend und grausam.
– Von Dressur kann keine Rede sein?
– Dressuren von Tötern sind unmöglich.

Dagegen sind Übungen mit satten Tigern immer wieder interessant. Die mächtigen Körper zeigen, auch mit vollem Bauch, hohe Stufen der Eleganz. Sie sind nicht nur bereit, durch Feuerreifen zu springen, sondern – dies ein besonderer Erfolg unserer Dressur – sich in ein durchsichtiges Bassin fallen zu lassen und das Wasser anschließend aus ihrem Fell herauszuschütteln. Danach machen sie »Gruppe«. Es gibt nichts Gutmütigeres als hungerentwöhnte Tiger.

Traditionelle Darbietung: Wolfsgruppe jagt Reitergruppe. Oder besser: Die Wölfe jagen eine Troika mit Frau und Kindern. Voraussetzung der Nummer: dass die Wölfe satt sind und dass man die Leitwölfin vorher aussondert.

Friesenhahns Nummer

Heinz von Friesenhahn, adliger Abkunft, dann insolvent geworden, so zum Zirkus verschlagen, immer noch ehrgeizig und verbunden mit einem Experten im Tierpark Hagenbeck, hatte sich darauf kapriziert, eine Gruppe von Tüpfelhyänen zu einer Zirkusnummer zu schulen. Das hatte Exklusivität. Noch nie, hieß es in Expertenkreisen, ist es gelungen, Hyänen zu Kunststücken zu veranlassen.

Es waren besonders gelehrige Tiere, die Heinz von Friesenhahn aus Tansania bezog. Zutraulich waren sie nicht. Auf Belohnung reagierten sie. Von Friesenhahn war Schüler des berühmten russischen Dompteurs Kuljakow. Der Erfolg einer Dressur hängt nach Kuljakow von drei Faktoren ab: dass die Tiere lernfähig sind, dass sie auf Belohnungen reagieren und dass das Temperament des Dompteurs so ausgeglichen bleibt, dass die Belohnungen und die Forderungen an die Tiere ein Augenmaß haben.

So machte sich von Friesenhahn an die Dressur. Das Publikum in Europa und in den USA hielt Hyänen für hässliche, verschlagene Tiere. Das Vorurteil war nicht rasch zu ändern. Von Friesenhahn empfand die Tiere jedoch als liebenswürdig. Sie reagierten auf ihn, stürzten sich auf die Belohnung.

Nach einem halben Jahr hatte Heinz von Friesenhahn beide Unterarme durch Bisse seiner Hyänen verloren. Noch immer war er der Meinung, diese Tiere seien nicht aggressiv. Er gab sich selbst die Schuld, dass er nicht aufgepasst habe. Man muss nämlich die Schnapporgane, die Kieferladen dieser Tiere, permanent im Auge behalten. Sie schnappen zu, dann denken sie. Er hatte die Gelehrigkeit der Tiere, ihre Zuwendung, wenn er ihnen Belohnungen gab, mit Sympathie verwechselt.

– Im Kern scheiterte er, weil die Kunststücke, die er ersonnen hatte, auf die Hyänen nicht passten.
– Ja, sie sollten durch Feuerreifen springen, auf Sockeln Platz nehmen, sich aufeinanderstellen. Das alles machen Hyänen ungern.
– Welche Nummer hätte er denn entwickeln sollen?
– Drei Hyänen vertreiben eine Löwin von einer Beute. Das wäre im Zirkuszelt naturgerecht.
– Können drei Hyänen eine Löwin vertreiben?
– Es dauert eine Weile. Eine Menge gegenseitiger Drohgebärden, das ist für das Publikum äußerst interessant anzusehen. Am Schluss entfernt sich die Löwin.
– Und sechs Hyänen gegen einen Löwen?
– Reicht nicht aus. Zwölf Hyänen. Umso interessanter als Dressurakt.
– Sie meinen, man kann die Hyänen, gerade weil sie gelehrig sind, nur zu etwas verleiten, was sie sowieso in freier Wildbahn tun?
– Genau das hat Heinz von Friesenhahn versäumt.
– Hat er ohne Unterarme noch eine Chance als Hyänendompteur? Er hat seinen Fehler ja inzwischen eingesehen.
– Zweifellos. Er gebraucht seine Augen. Außerdem weiß er jetzt, dass er auf nichts achten muss, außer auf die Kinnladen seiner Gegenüber.
– Was kann er tun, wenn sie zubeißen?
– Sie können kaum zubeißen, wenn er sich in ausreichendem Abstand hält. Zumindest seine Unterarme können sie nicht mehr fassen.
– Und war seine Nummer nunmehr ein Erfolg?
– Sie meinen die in Kirgisistan?
– Dort trat er ja auf mit der Gruppe.
– Ein großartiger Erfolg. Noch nie hatte man eine Gruppe von Tüpfelhyänen in einer Zirkusnummer gesehen.
– Sie gelten als besonders freiheitsliebende Tiere?

– Als unzähmbar, und hier erweisen sie sich als »folgewillig«.
– Aber unter der Bedingung, dass sie eine praktische, ihnen gewohnte Situation vorfanden.
– Ja, die Vertreibung einer Löwin. Von Friesenhahn überbot das noch in Bischkek durch zwölf Hyänen gegen drei Löwinnen. In der Mitte der Manege hatte er einen Fleischhaufen liegen.
– War es nicht widerlich, zuzusehen, wie die zwölf Hyänen die Schafskadaver vertilgten?
– Für die Kirgisen nicht.
– Wie gelang die Umsetzung der Nummer, die jetzt in Chicago einen so großen Erfolg hatte? Er wird doch nicht den Leichenschmaus dargeboten haben?
– Das Fleisch war als eine Zuckertorte drapiert, Kerzen darauf. Ohne Probleme löschten die Hyänen die Kerzen und fraßen sich in die Torte hinein, die aus Hühnerfleisch bestand.
– Was geschieht, wenn sich keine neuen Nummern für den Zirkus mehr erfinden lassen?
– Dann stirbt der Zirkus. Niemand wird die gewohnten Nummern auf ewige Zeiten betrachten wollen, wenn doch die Zeitgeschichte Sensationen darbietet, die jede Zirkusnummer übertreffen.

Höflichkeit unter Hyänen

Der Verhaltensforscher Heribert Hofer über das interessanteste Raubtier Afrikas

Alexander Kluge: Zu Ihren Forschungsgebieten als Verhaltensforscher gehört die Tüpfelhyäne. Was ist das für ein Tier?

Heribert Hofer: Es ist wahrscheinlich das interessanteste Raubtier, das wir in Afrika zurzeit beobachten können. Es gibt eine große Diskrepanz zwischen dem öffentlichen Bild der Hyäne und dem, was sie tatsächlich darstellt. Ihre Reputation ist unbegründet. Hyänen haben ein aufregendes Sozialleben, sind intelligente Tiere.

Kluge: Erdwölfe und Hyänen bilden eine Gruppe.

Hofer: Die Erdwölfe gehören dazu, auch wenn sie Termitenspezialisten sind.

Kluge: Was fressen Hyänen?

Hofer: Sie können alles fressen, was man ihnen vorsetzt. Das schließt Bratpfannen mit ein und Plastikabfälle. Sie können aber auch Kaffernbüffel erlegen, Gnus und Zebras jagen. Sie fressen ebenfalls kleine Heuschrecken. Sie sind anpassungsfähig und bekannt dafür, dass sie jede Chance nutzen. Es handelt sich um Opportunisten. Es gibt eine berühmte Geschichte aus der Serengeti aus den sechziger Jahren. Da hat eine Hyäne entdeckt, dass der Nationalparkchef sein Frühstück auf der Veranda eingenommen hat. Es waren immer 30 Sekunden zwischen dem Decken des Tisches und dem Auftreten des Nationalparkchefs. In diesen 30 Sekunden ist die Hyäne auf die Veranda geschossen und hat die Würste und die anderen Lebensmittel entwendet. Als ich in der Serengeti war, habe ich das bei einem Kollegen auch erlebt. Der hatte draußen einen Ofen, auf dem er seine Würstchen gegrillt hat. Als er zurückkam, waren die Würste weg. In der Serengeti gibt es Campingplätze. Die Hyänen entwenden gelegentlich Gegenstände; unsere Studientiere sind schon mit Ferngläsern aufgetaucht und auch mit einem Dampfdruckkochtopf.

Kluge: 65 Stundenkilometer Spitzengeschwindigkeit – das ist das Tempo eines Autos.

Hofer: Wenn Sie versuchen, im Auto in der Landschaft hinterherzufahren, sollten Sie beten. Denn in dem Moment, wo Sie die Hyäne aus den Augen verlieren, treffen Sie auf einen Termitenbau oder ein Warzenschweinloch, die dann zu einer Havarie führen könnten. Ich bin nachts mit 60 Stundenkilometern einer Hyäne durch die Serengeti gefolgt. Aber ich habe sofort in dem Moment angehalten, als ich die Hyäne aus den Augen verloren habe.

Kluge: Welches andere Tier würde diese Art von Anpassung an die Mentalität des Verfolgers oder des frühstückenden Nationalparkdirektors aufbringen?

Hofer: Opportunisten gibt es bei Raubtieren und auch bei Affen. Füchse sind ähnlich. Deswegen haben Füchse bei uns die Städte erobert. Bei Hyänen kann ich mir nicht vorstellen, dass das Gleiche in Afrika passiert. Aber sie leben davon, Chancen zu nutzen. Das können sie, weil sie besser ausgestattet sind als Katzen zum Beispiel, Löwen oder Tiger.

Kluge: Es gibt *love politics*, also sexuelle Politik. Machos unter den Hyänenmännchen haben wenige Möglichkeiten, sich fortzupflanzen, während Softies eine große Chance haben. Es handelt sich um eine weiblich dominierte Gesellschaft.

Hofer: Sie ist weiblich dominiert in dem Sinne, dass die Rangfolge vom Topweibchen, der Königin, bis hin zum Weibchen mit dem geringsten Rang ohne männliche Unterbrechung erfolgt. Dann kommt eine Weile nichts und schließlich folgt das Topmännchen. Dann geht es runter bis zum letzten Männchen. Wie kommen Männchen in einer solchen von Weibchen dominierten Gesellschaft zurecht? Da finden sich Rahmenbedingungen, die in der normalen Säugetiergesellschaft nicht vorhanden sind. Männliche Hyänen können aggressiv sein. Uns interessiert, ob Männchen unterschiedliche Taktiken verfolgen. Um nachzuprüfen, ob eine Taktik Erfolg hat, müssen Sie den Fortpflanzungserfolg feststellen. Das können Sie mithilfe der neuen molekulargenetischen Methoden, dem genetischen Fingerabdruck. Da stellt sich heraus, dass manche Taktiken erfolgreich sind, weil diese Männchen nachweislich Begattungserfolge haben. Die Bezeichnung Machos und Softies trifft das Wesentliche, aber damit ist es nicht erschöpft. Im Gegensatz zum Beispiel zu den Hirschen, wo die Körpergröße und die Körperkraft eine Rolle spielen, ist bei Hyänenmännchen die soziale Kompetenz wichtig. Die erfolgreichen Männchen haben es verstanden, über einen langen, geduldigen Prozess Freundschaften mit den Weibchen zu formen. Das erfordert Zähigkeit.

Kluge: Sie haben sich eine Chance für Nähe erobert.

Hofer: Diese Nähe bedeutet Ausdauer. Das ist ein langfristig angelegter, strategischer Erfolg. Deswegen geht es um soziale Kompetenz. Wenn das Männchen diese Ausdauer aufbringt, hat es Chancen, sich im fortgeschrittenen Alter mit zehn bis zwanzig verschiedenen Weibchen zu paaren.

Kluge: Wenn es zu aggressiv ist und die Verteidigungsschranke des dominanten Weibchens verletzt, wird es aus dem Revier entfernt.

Hofer: Es wird von allen Weibchen verprügelt. Das Wesentliche einer weiblich dominierten Gesellschaft ist, dass sie zusammenhalten. Das ist der Grund, warum sich männliche Aggression nicht ausbildet. Der Kampf zwei gegen eins ist immer ein ungleicher Kampf, der durch die

Zahlen entschieden wird. Die Weibchen schaffen es durch diese Koalitionsbildung, auch körperlich größere oder stärkere Männchen zu vertreiben. Weibliche Hyänen sind nicht größer oder aggressiver, sondern cleverer. Zwei Weibchen können auch ein einzelnes Männchen verprügeln. Das lernen die jungen Weibchen von den Müttern.

Kluge: Was heißt »prügeln«? Hauen die Tiere mit den Pfoten zu?

Hofer: Sie jagen dem Männchen hinterher. Wenn das Männchen stehen bleibt, wird es gebissen. Wenn es davonrennt, muss es schnell rennen. Wenn die Weibchen es erwischen, erwischen sie es am Hintern. Ein altes Männchen, das häufig aggressiv war, hat einen mit Narben übersäten Hintern, und wenn es Pech hat, auch einen mit Narben übersäten Schwanz. Auch seine Hoden könnten schon erwischt worden sein. Ich habe gesehen, wie einem Männchen ein Teil des Hodens abgebissen wurde. Sich mit Weibchen einzulassen, ist eine gefährliche Sache.

Kluge: Wie gehen die Hyänen mit ihren Jungen um?

Hofer: Die Weibchen säugen im Durchschnitt etwas länger als ein Jahr. Die Jungtiere sind abhängig von der Mutter für mindestens zwölf Monate. Sie werden häufig erst im Alter von 15 bis 24 Monaten entwöhnt.

Kluge: Wie sind Sie auf die Hyänen gekommen, insbesondere auf die Tüpfelhyänen?

Hofer: Da gibt es eine offizielle und eine private Antwort. Die offizielle Antwort lautet, dass ich mir als Wissenschaftler interessante Fragen ausdenken muss. Dann suche ich den geeigneten Modellorganismus, um diese Fragen zu beantworten. Die andere Antwort lautet, dass ich eine Kollegin habe, mit der mich eine berufliche und private Partnerschaft verbindet. Ich wollte mit Raubtieren arbeiten und sie wollte nach Afrika. Wir haben uns auf ein afrikanisches Raubtier geeinigt. Dann müssen Sie noch jemanden davon überzeugen, diese Forschung zu unterstützen. Denn ein solches Unternehmen können Sie nicht privat finanzieren. Sie müssen in scharfen Auswahlverfahren Geldgeber davon überzeugen, dass Ihr Projekt eine sinnvolle Frage stellt und eine sinnvolle Antwort liefern kann.

Kluge: Was erforschen Sie außerdem an den Hyänen?

Hofer: Warum leben die Tiere in so großen Gruppen? Der Komplex sexuelle Politik, Aggressivität und geschlechtsspezifische Rollen ist wichtig. Wenn Sie in die populäre Literatur hineinschauen, werden Sie Bezüge sehen und Argumentationen, die sich auf den Zusammenhang verlassen zwischen aggressivem Verhalten auf der einen Seite und dem physiologischen Unterbau auf der anderen Seite. Dieser physiologische Unterbau sei geschlechtsspezifisch, heißt es. Männer zum Beispiel hätten mehr Testosteron und wären deswegen aggressiver, Frauen hätten weniger Testosteron, seien deswegen weniger aggressiv. Das finden Sie als Erklärungsmuster auch in den Sozialwissenschaften oder der Verhaltensforschung. Bei Hyänen haben wir eine weiblich dominierte Gesellschaft, von der es hieß, dass sie nur deswegen weiblich dominant sei, weil die Tiere besonders viel Testosteron hätten und auf diese Weise quasi zum Mann mutieren würden. Deswegen hätten sie die Chance, die Männer davon zu überzeugen, sich zu unterwerfen.

Kluge: Diese Deutung stimmt nicht.

Hofer: Hyänenweibchen haben keine erhöhten Testosteronwerte, sondern dieselben hohen oder niedrigen Testosteronwerte wie weibliche Menschen. Sie können zur weiblichen Dominanz auf zwei Wegen gelangen. Der erste ist die aggressive Dominierung. Das war der Königsweg, der in allen Erklärungen vorkommt. Der andere Weg ist die freiwillige Unterwerfung. Aber die Idee, dass sich Männchen freiwillig unterwerfen könnten, kommt einem männlichen Forscher nicht. Diese Idee ist erst wissenschaftlich diskutiert worden, als das Hyänenforschertum von Frauen übernommen wurde. Wenn die Aggressivität das Entscheidende ist, dann müssten Weibchen mit hohen Testosteronwerten ausgestattet werden. Sie müssten die Männchen verprügeln. Wenn sich dagegen die Männchen freiwillig oder unfreiwillig unterwerfen, ist diese Aggression nicht unbedingt die Ursache, kann aber immer noch die Konsequenz sein, um das System für die Weibchen vorteilhaft stabil zu halten.

Kluge: Nicht das Individuum bei den Weibchen muss sich aggressiv, kräftig oder dominant verhalten, sondern es ist eine kooperative Gesellschaft. Sind Hyänen domestizierbar?

Hofer: Streifenhyänen wurden in der Vergangenheit domestiziert. Die Streifenhyänen gab es in Ostafrika, in Nordafrika, im Vorderen Orient bis nach Mittelasien. Sie wurden schon im alten Ägypten gemästet und im Sinne einer Weihnachtsgans zu besonderen Anlässen verspeist. Tüpfelhyänen wurden nicht domestiziert, aber sie wurden von Medizinmännern in Ostafrika bei verschiedenen Stämmen zur Erhöhung ihres Ansehens gezähmt. Sie können eine Tüpfelhyäne ohne Schwierigkeiten zähmen. Sie ist ein intelligentes Tier. Als soziales Tier folgt es Regeln. Sie können mit ihm genauso umgehen wie mit einem Hund. Auch das Mienenspiel ist entsprechend interessant und nachvollziehbar. Die Hyänen gehören zu den katzenähnlichen Tieren. Sie sehen aber aus wie Hunde. Seit 20 Millionen Jahren existieren hyänen- und hundeartige Tiere, die sich in ihrem Aussehen ähnlich sind, aber keine Verwandtschaftsverhältnisse haben.

Kluge: Was ist bei einer Katze anders als bei einem Hund?

Hofer: Eine Katze hat einen kurzen Gesichtsschädel. Sie ist nicht in der Lage, große Distanzen zu rennen. Sie muss ihre Beute über kurze Strecken erlegen. Sie muss die Beute überraschen, damit sie einen Tötungsbiss ansetzen kann, weil das Tier immer noch wehrhaft ist. Es ist ja nur wenige

Meter gerannt. Damit sie den Tötungsbiss ansetzen kann, braucht sie einen großen Öffnungswinkel des Kiefers. Das wiederum setzt den kurzen Gesichtsschädel voraus. Dadurch kann das Blut, welches das Gehirn versorgt, nicht gekühlt werden. Deswegen können Katzen keine großen Distanzen rennen. Das ist ein Bauplan, der anders funktioniert als bei Hunden und bei Hyänen. Diese haben ein langes Rostrum, einen langen Gesichtsschädel, der hervorragend geeignet ist, das Blut zu kühlen, das den Kopf versorgt. Deswegen können sie ausdauernd rennen, haben aber dadurch einen kleinen Öffnungswinkel. Auf der anderen Seite müssen sie die Beute nicht mehr töten, denn am Ende einer Hatz sind die Beutetiere so erschöpft, dass es ausreicht, sie über den Haufen zu werfen. Die Beutetiere sterben quasi beim Auffressen. Hyänen töten die Beute nicht extra, sondern sie beginnen sofort mit dem Auffressen.

Kluge: Löwen sind keine Langstreckenjäger.

Hofer: Wie für Geparden liegt das Problem in der Überhitzung des Kopfes oder des Gehirns, weil das Blut zu heiß werden würde. Sie leiden nicht darunter, dass ihnen der Sauerstoff in den Muskeln ausgeht. Bei ihnen würde das Gehirn kochen. Ein Gepard jagt zwischen 30 und 100 Metern. Wenn er es in der Distanz schafft, schnappt er zu.

Kluge: Löwen sind nicht faul, sondern können ihren schweren Leib mit ungekühltem Hirn nicht weit tragen.

Hofer: Objektiv betrachtet sind Löwen faul, weil sie 23 Stunden am Tag nichts machen. Würden sie viel mehr erreichen, wenn sie permanent durch die Gegend rennen? Vermutlich nicht. Wenn ein männlicher Löwe am Riss ist, können die weiblichen Löwen und die Jungtiere nicht durch Hyänen vom Riss vertrieben werden. Wenn kein männlicher Löwe vor Ort ist, vertreiben genügend viele Hyänen die Löwen vom Riss.

Kluge: Wie viele Hyänen müssen das sein?

Hofer: Das Verhältnis ist eins zu drei.

Kluge: Drei Hyänen wären in der Lage, einen Junglöwen oder eine Löwin zu verdrängen.

Hofer: Die durchschnittliche Löwengruppe bewegt sich im Bereich von fünf bis zehn Tieren. Die durchschnittliche Hyänengruppe umfasst aber in der Serengeti 50 erwachsene Tiere. Hyänen gehen in solch einer Situation ein hohes Risiko ein; sie sind im umgangssprachlichen Sinne mutig. In der Literatur werden sie vielerorts als feige bezeichnet. Doch das Gegenteil ist wahr. Die Autoren der Lehrbücher sehen das mutige Verhalten nicht, weil es um drei Uhr nachts stattfindet. Am Morgen sehen sie nur die Reste. Wenn eine Hyäne ein Gnu erlegt hat oder ein Zebra, dann nehmen sie nur noch den Mageninhalt des erlegten Beutetiers wahr. Hyänen fressen alles auf, mit Ausnahme der Hörner. Die Knochen und die Haut werden aufgefressen. Löwen lassen alles liegen. Sie können es nicht verdauen. Die Tansanier sagen: Die Hyänen haben ein Feuer im Magen.

Kluge: Sie mögen diese Tiere?

Hofer: Ich arbeite seit 17 Jahren mit Hyänen. Sie können nicht nur an wissenschaftlichen Fragen interessiert sein. Ihnen muss auch das tägliche Geschäft Spaß machen. Was ist die durchschnittliche Zeit, die ein Hyänenforscher mit Hyänen verbracht hat? Die Antwort lautet: so lange ihm das finanziert wurde. Wie lange hat der durchschnittliche Löwenforscher an Löwen geforscht? Die Antwortet lautet: zwei Jahre. Löwen zu beobachten, ist äußerst mühsam. Bei Hyänen ist es abwechslungsreich. Das ist wie bei *Gute Zeiten, schlechte Zeiten* oder *Lindenstraße*. Es passiert viel im Sozialverhalten, in den sozialen Auseinandersetzungen zwischen den Weibchen. Sie bilden Koalitionen und versuchen, sich durch ihre Koalitionsbildung in der Rangfolge innerhalb der Gruppe zu verbessern.

Kluge: Können Sie die Hyänen wiedererkennen?

Hofer: Voraussetzung für die Arbeit ist, dass wir die Tiere individuell erkennen.

Kluge: Wonach richten Sie sich? Nach der Art der Tüpfel?

Hofer: Wir orientieren uns an der Verteilung und der Größe der Tüpfel. Manchmal gibt es andere Aspekte, zum Beispiel die Bewegungsformen. Es gibt auch Narben oder Risse im Ohr. Wir haben für jedes Tier einen wissenschaftlichen Namen. Das sind eine dreistellige Nummer und ein Buchstabe. Der Buchstabe bezeichnet die Gruppe. Die Gruppen haben Namen. Auch die einzelnen Tiere. Wir haben mittlerweile die Lebensläufe von über 1300 Hyänen aufgezeichnet. Wir geben gerne Namen, die auf körperliche Eigenheiten hinweisen, zum Beispiel auf schwarze Beine. Wir geben ihnen auch Kisuaheli-Namen. Ein schöner Name einer unserer Hyänen ist Anatolidu, also die Friedfertige. Das hat sich als falsche Charakterisierung herausgestellt. Zuerst war sie friedfertig, nachher aber stark in die Auseinandersetzungen mit den Weibchen involviert. Da gibt es ein anderes Weibchen, das immer schlief. Die haben wir Lala genannt, weil Lala auf Kisuaheli »schlafen« heißt. Sie hat sich als das Alphaweibchen entpuppt, das ebenfalls enorm in Auseinandersetzungen verwickelt war.

Kluge: Töten Hyänen einander?

Hofer: Ja, die Tötung kann als Konsequenz schwieriger Auseinandersetzungen zwischen benachbarten Gruppen erfolgen. Jane Goodall hat ihre Schimpansenforschung für zwei Jahre unterbrochen, um sich mit Hyänen zu beschäftigen. Ihr wurde gesagt, dass Hyänen »Kriege« führen würden. So eine Bezeichnung aus dem menschlichen Bereich ist ungeschickt. Wenn Hyänengruppen sich miteinander auseinandersetzen, bilden sie auf beiden Seiten des Territoriums eine Art Phalanx. Das sieht ein bisschen so aus wie in den Napoleonischen Kriegen. Da stellen sich 15 bis 30 Tiere auf, die sich attackieren. Sie gehen aufeinander zu, dann geht es wie bei Wellenbewegungen vor und zurück. Das kann in Zweikämpfe ausarten. Es wird attackiert und gebissen. Wenn die Bisse schlimm sind, kann das Tier sterben. Aber es wird nicht gezielt getötet. Die Bisswunden sind so schwer, dass der Tod die Konsequenz ist.

Kluge: Wird das getötete Tier anschließend verzehrt?

Hofer: Ja, aber mit einem zeitlichen Abstand. Es gibt auch innerhalb einer Gruppe Kindestötungen. Hochrangige Weibchen töten die Jungtiere von niedrigrangigen Weibchen. Das geht schneller, weil das Jungtier wehrlos ist. Auch da findet kein unmittelbarer Verzehr statt. Es dauert drei bis vier Stunden. Das hängt davon ab, ob die Mutter den Kadaver ihres Jungtieres entwenden kann. Wenn es gelingt, wird sie es mit sich herumtragen. Es sei denn, es kommt ein hochrangiges Weibchen, dem sie das tote Tier überlassen muss. Dieses würde das Jungtier fressen. Wir haben noch nie erlebt, dass das Tier sofort gefressen wird. Es gibt häufig Mütter, die durch Drahtschlingen von Wilderern getötet werden. Dann bleiben die Jungtiere am Gemeinschaftsbau und leiden vor sich hin. Sie bekommen keine Nahrung und verhungern. Das dauert im Durchschnitt drei Wochen. Am Ende werden sie immer schwächer. Aber sie werden in dieser Zeit nicht von den Gruppenmitgliedern umgebracht. Die lassen sie in Frieden.

Kluge: Haben Sie als Forscher Augenkontakt mit einer Hyäne?

Hofer: Permanent. Hyänen sind intelligente und soziale Tiere und stellen für uns auch Kommunikationspartner dar. Ich muss Vertrauen zu den Tieren schaffen. Das mache ich im Sinne einer Habituation. Die Tiere wissen, wie wir uns verhalten. Sie bauen sich genauso ein Bild von unserem Verhaltensrepertoire auf, wie wir ein Bild aufbauen von ihrem Verhaltensrepertoire. Wir fahren den Gemeinschaftsbau mit dem Auto langsam an, bleiben in einer bestimmten Position. Wir erledigen Dinge immer in derselben Art und Weise. Das wissen die Tiere und daraus erwächst Vertrauen. Als Verhaltensforscher brauchen Sie eine gewisse Grundkompetenz. Sie brauchen diese Höflichkeit, dieses Einfühlungsvermögen. Es dauert sechs bis zwölf Monate, bis sich die Tiere an Sie gewöhnen. Aber dann verhalten sich die Tiere auch so, als ob Sie nicht anwesend wären.

Kluge: Aber sie verwechseln einen Menschen nicht mit einer Hyäne?

Hofer: Nein. Die Hyänen wissen auch, dass Menschen im Auto sitzen und wer die Personen sind. Alle Langzeitmitglieder des Projektes sind bekannt. Es haben sich einmal Besucher hinten ins Fahrzeug gelegt, die keinen Ton gesagt haben, sodass die einzige Information, welche die Hyänen hatten, die Geruchsinformation war. Die Tiere haben sofort anders reagiert. Wir merken das auch, wenn Touristenbusse die Regeln nicht einhalten, von der Straße abfahren und sich dem Hyänenbau nähern. Dann reagieren die Hyänen anders.

Kluge: Gesellschaftliche Tiere mit dieser Intelligenz könnten doch auch Kunststücke vollführen. Sind Hyänen je im Zirkus aufgetreten?

Hofer: Ich kenne keine Beispiele. Der Umgang mit Hyänen ist schwierig. Sie spielen mit ihren Kiefern, denken mit ihren Köpfen. Löwen und Tiger arbeiten auch mit ihren Pfoten. Sie besitzen Beine und Füße, die ebenfalls Greiforgane sind. Hyänen haben Füße, die spezialisiert sind auf das Laufen. Sie wären als möglicher Hyänendompteur also damit beschäftigt, sich vor Bissen zu schützen. Sie können dabei einen Druck entwickeln, der stärker ist als der Druck, den Löwen oder auch Krokodile ausüben. Bezogen auf ihre Körpergröße haben sie die stärksten Kiefer auf diesem Planeten. Wir haben Tiere betäubt, um beispielsweise Drahtschlingen von Wilderern zu entfernen. Auch eine betäubte Hyäne hat eine solche Bisskraft, dass sie gelegentlich zuschnappen und dabei gefährliche Verletzungen verursachen könnte.

Kluge: Sie könnte die Hand abbeißen.

Hofer: Hyänen sind die einzigen Raubtiere, welche die Oberschenkelknochen von Nashörnern, Elefanten oder Giraffen durchbeißen können. Deswegen gehen wir mit ihnen respektvoll um, haben auch keinen Körperkontakt, kennen aber die Tiere individuell sehr detailliert. Manche Tiere kenne ich seit ihrer Geburt. Wenn Sie 17 Jahre lang Gruppen beobachten, dann kennen Sie ganze Lebensläufe.

Kluge: Wie alt werden Hyänen?

Hofer: Sie werden bis zu 20 Jahre alt. Unsere älteste Hyäne ist bisher 18 Jahre alt geworden. Leider ist es jetzt so, dass die Ältesten der ersten Generation letztes Jahr gestorben sind. Die toten Tiere werden schnell aufgefressen, wie alles, was stirbt, in der freien Natur nicht lange liegen bleibt. Es gibt zu viele Tiere, die davon leben, dass es eine solche einfache Nahrungsquelle gibt. Das sind Geier, aber auch andere Raubtiere wie beispielsweise Löwen, die auch gelegentlich Aas fressen.

Kluge: Die männlichen und die weiblichen Geschlechtswerkzeuge bei Hyänen sind fast gleich groß.

Hofer: Die Tüpfelhyänen sind berüchtigt für ihre Klitoris. Deswegen wurden sie früher auch für Zwitter gehalten. Aristoteles oder Plinius der Jüngere waren sich darüber einig, dass es Zwitter sind. Mittlerweile wissen wir, dass die Hyänenweibchen normal gebaut sind. Aber sie haben diese beeindruckende Klitoris, die im erigierten Zustand ungefähr 30 cm lang ist. Der männliche Penis besitzt bei der Hyäne auch diese Länge.

Kluge: Woran können Sie Klitoris und Penis unterscheiden?

Hofer: Die Klitoris ist symmetrischer als der Penis. Sie sehen sowohl bei der Klitoris als auch bei dem Penis eine Eichel. Es gibt auch etwas, das einer Vorhaut entspricht. Sie haben den entsprechenden Einschnitt, der die Eichel von dem Rest des Peniskörpers abtrennt. Er läuft bei der Eichel viel spitzer zu als bei der Klitoris. Die Klitoris ist hier runder und symmetrischer. Das Kuriose bei der Klitoris ist, dass sie erigierbar ist. Diese Erektion ist Teil des Sozialverhaltens. So wie wir »Guten Tag« sagen, indem wir Hände schütteln oder in früheren Zeiten den Hut gehoben haben, so begrüßen sich die Hyänen, indem sie ihre Genitalien beschnuppern. Dabei fährt das im Rang niedrigere Tier entweder seine Klitoris aus, wenn es sich um ein Weibchen handelt, oder den Penis, wenn es sich um ein Männchen handelt. Die Erektion der Klitoris ist bei Weibchen eine Unterwerfungsgeste, bei den Männchen gilt das für den Penis ebenfalls.

Kluge: Hier sind Rangfragen zu lösen.

Hofer: Wenn ich in der Rangfolge weit oben stehe, habe ich das Vorrecht beim Fressen und einen höheren Fortpflanzungserfolg.

Kluge: Das Tier entspannt sich, indem es sich unterwirft. Es ist von dem Stress der Dominanz einen Moment lang befreit.

Hofer: Man hat uns zunächst nicht geglaubt, dass es sich hier um eine Unterwerfungsgeste handelt, gerade weil es im sozialen Kontext geschieht, in dem es um das Problem von Dominieren und Unterwerfen geht. Die Weibchen haben eine Klitoris, aber keinen Scheidenausgang. Eine Vulva gibt es nicht. Der Ausgang geht durch die Klitoris. Die äußeren Schamlippen sind geschlossen, was dazu führt, dass eine weibliche Hyäne durch ihre Klitoris kopulieren muss. Der Penis muss dort eingeführt werden. Diese Konstruktion bedeutet, dass die Hyänenmännchen ihren Penis vertikal in das Weibchen einführen müssen. Sie müssen sich auf ihre Hinterbeine zurücklehnen, was sie nicht können. Sie müssen sich am Weibchen anklammern mit Pfoten, die dafür nicht geeignet sind. Sie haben keine technische Unterstützung, keinen Spiegel. Sie haben kein Licht, um das Loch zu finden. Im Sinne der sexuellen Politik hat das Weibchen alle Karten in der Hand. Wenn das Weibchen nur einen halben Schritt nach vorne geht, fällt das Männchen um und hat keine Chance. Die Männchen müssen auf das Weibchen zugehen und »Bitte« sagen. Das Weibchen gebärt durch die Klitoris. Die Öffnung eines menschlichen Penis ist so groß wie die Öffnung einer Klitoris bei Hyänen. Das reicht nicht, um ein Baby, das anderthalb Kilo schwer ist, zur Welt zu bringen. Bei jeder Geburt gibt es bei den Hyänenweibchen eine Sollnahtstelle, wo die äußeren Schamlippen zusammengewachsen sind. Dieser Bereich reißt über eine Länge von acht bis zehn Zentimetern auf, damit das Hyänenjunge geboren werden kann. Das ist eine Infektionsquelle. Es führt auch häufig dazu, dass die Jungen sterben, und gerade bei erstgebärenden Weibchen sind Totgeburten die Folge.

Abb. 38

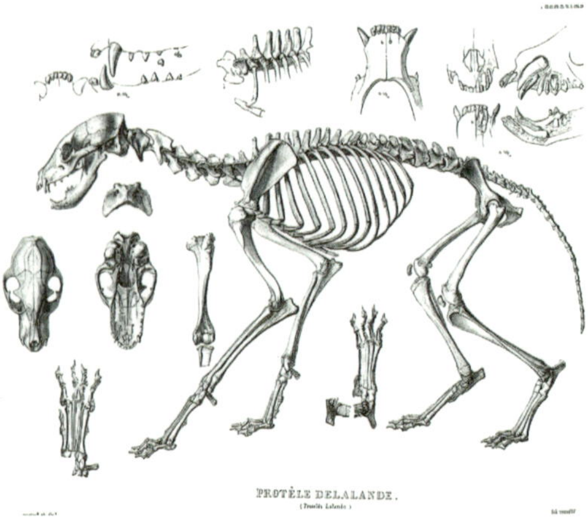

Abb. 39

Abb. 40: Hypothetische Darstellung der Zähmung von Hyänen im Zirkus

Abb. 41

Abb. 42: Als Hyänen verkleidete Statisten im Moskauer Staatszirkus, November 1936

5

Lebewesen an fremdem Ort und in falscher Zeit

Der Löwin blieb die Heimkehr fremd

Von einer gemeinnützigen Organisation in Europa, welche die Rückführung kolonialisierter Tiere in ihre Heimatorte betrieb (nachdem das Halten und Zeigen solcher Wildtiere in den Zirkussen verboten worden war), wurde eine dressierte Löwin im Nachfolgestaat der ehemals deutschen Kolonie Togo ausgewildert. In einem bequem ausgepolsterten Käfig unter tierärztlicher Aufsicht dorthin geschafft.

Ausgewildert, wurde diese Rückkehrerin durch ein Expertenteam beobachtet. Es zeigte sich, dass das Tier durch die (für das Tier unverständliche) Ortsveränderung nichts von seiner Dressur vergessen hatte. Die Löwin gesellte sich nicht zu den Löwinnen, die bei Touristen bettelten. Sie war ausgewildert, aber nicht »wild« geworden. Das gehörte nicht zu ihrem Dressurprogramm. Oft vollführte sie Sprünge, sobald ein Baumbestand sie an einen der Reifen erinnerte, die zu durchspringen sie geschult war. Sie zeigte offen ihre Trauer, wenn auf solche »Künste« keine Belohnung erfolgte.

Einer Kolonne fremder Löwinnen, die in der Gegend, in der die Zirkuslöwin ausgesetzt war, umherstreifte, schloss sie sich *nicht* an. Wer war sie? War sie ein Wildtier? War sie Afrikanerin oder Europäerin? War sie durch den Zirkus »zivilisiert«? Schwankte sie zwischen zwei Identitäten? Sie verhielt sich wie eine Fremde.

Sie führte sich bizarr auf. Den Touristen, die sie mit Ferngläsern beobachteten, gefiel das. Das Expertenteam war irritiert. Was ist jetzt Emanzipation? Das fragte die Reporterin des Büros von NDR, WDR und SZ, die den Fall porträtierte. Was bedeutet »Auswilderung« für ein Lebewesen, das seiner Dressur, die es herausforderte und dann belohnte, noch immer vertraute, ja ihr nachtrauerte?

Lange nämlich sah man durch das Fernglas die Löwin, die noch jung war, »nachdenklich«, »passiv« unter den Bäumen stehen. Zögerlich, nach langen Hungertagen, begab sie sich auf die Jagd. »Sie wollte nicht wild sein.« Die Reporterin in ihrem Jeep, das präzise Fernglas vor ihren Augen, voll beobachtender Geduld, ging professionell vor. Sie glaubte zu beobachten, dass die ausgewilderte Löwin »wartete«. Sie erwartete von ihrer Umwelt eine »Aufgabe«. Etwas, das Belohnung verdiente. Möglicherweise, so schlussfolgerte die Reporterin, kam in Betracht, dass die Löwin ihre Leistung auch ohne Belohnung hätte vorführen können. Wo aber wäre in Steppe oder Urwald ein Publikum gewesen? Eine kurze, billigende, bestätigende Handbewegung des Dompteurs – wo war das in der Wildnis zu ergattern? Die Löwin, so drückte es die Reporterin aus Bergisch Gladbach aus, war ruhmsüchtig. Schon deutete sie einen Busch als *Feuerrad*, das sie durchsprang.

Die Nachricht von der eigentlich fehlgeschlagenen Emanzipation des Tiers (vermutlich kann man auch Kunstwerke, die wie Lebewesen sind, nicht einfach nur »rückführen«) war nichts, was in der SZ gedruckt oder im NDR oder WDR wiedergegeben werden konnte. Die Reporterin hatte bei der Abrechnung ihrer angewachsenen Reisespesen Probleme. Sie hatte länger beobachtet, als es für die unattraktive Reportage nötig erschien.

PHÖNIX,
ein Überläufer aus der Welt der Viren

Fünfzig Prozent unseres Erbguts besteht aus ehemaligen Viren, sagte die angesehene Virologin von der Technischen Universität Zürich. Sie sind in unser Genom eingemeindet, Patrioten unseres Überlebens. Und man hat sie sogar rekonstruiert. Ein riskantes Experiment. Das wieder zum Leben erweckte Virus, Bauteil unseres Genoms, heißt PHÖNIX. Es ist vor Millionen Jahren in unser Erbgut gelangt. In diesem Erbgut sitzend, hat es uns gegen Angriffe von Viren oder Bakterien draußen geschützt. PHÖNIX existiert im Labor in Kaninchen. Man kann es im Elektronenmikroskop besichtigen.

Das Archäovirus ist unserem Genom zum Patrioten geworden? Wie jene Hugenotten aus Frankreich, die nach Preußen auswanderten?, fragte ich zurück. Sie wurden zu einer Elite von kameralistischen Verwaltern und tapferen Offizieren, beste Preußen …

Die Viren in unserem Genom verteidigen uns, erwiderte die Virologin. Und sie *träumen*, möchte ich fast sagen, von Virenangriffen, die vor langer Zeit stattfanden. Sie kämpfen gegen Viren und Bazillen, die es gar nicht mehr gibt. Sie führen imaginäre Kämpfe. Es gibt ein Tier in Australien, an dem wir den Vorgang beobachten können. Bei den Koalas. Von Affen waren sie infiziert mit einem Leukämie auslösenden Virus, an dem sie massenhaft starben. Nach zehn Generationen wurden sie resistent. Durch »Überläufer«.

Könnte irgendein Engel, in der Gestalt eines Virus aus uralter Zeit, erfahren in Kämpfen gegen längst ausgestorbene Viren, in einer Krise, in der die Menschen gegen ein heutiges Virus kämpfen, sozusagen als evolutionärer Arzt, längst in uns sitzen? Durch Zufall oder weil sich doch – gerade durch die Fülle der Mutationen – ein molekulares Passwort wiederholt?

Wir können nur nicht mit ihm sprechen. Wie sollen wir diesen Engel oder Arzt im Genom finden? Er weiß nichts von Covid-19. Theoretisch wäre es möglich. Sie beschreiben eigentlich ein Immunsystem, das nicht mehr genau darauf angewiesen ist, identische Sequenzen zu haben.

Ein Philosoph aus Schwaben zeigt sich verliebt »in die Irrtümer des Meisters aus Königsberg«

Ein süddeutscher Gelehrter – während des erneuten Lockdowns im Jahr 2021 philosophisch an seinem Schreibtisch ab sechs Uhr früh unterwegs –, Anhänger der Schule des Süddeutschen Neukantianismus (Lask, Rickert und Windelband), schätzte die Schriften Immanuel Kants, die sich auf Kosmos, die Gestirne und von ihm vorausgesetzte »außerirdische Lebewesen« bezogen, als »wertvolle gedankliche Entwürfe«. Die Respektierung des Kosmos durch Immanuel Kant, unabhängig von den begrenzten Horizonten unserer Erde und unseres Planetensystems, bilde eine Einheit, gleich ob es sich um vorkritische Äußerungen, also Schriften bis 1768, oder um spätere Äußerungen des Meisters handle. Gewiss unterscheide sich der Stand der Forschung im 18. Jahrhundert vom Stand der Forschung unserer Jetztzeit. Die Konstellation eines Gedankens, dessen Schlüsselgewalt und Eignung als Suchbegriff, bestehe als »phänomenologische Perle« unabhängig von den Tatsachen, auf die sich ein solches Modell, die »Chiffre des Gedankens«, beziehe. Ändert sich der Stand der Beobachtung, müsse das gedankliche Modell auf diese Veränderung neu bezogen werden. Proportionsverhältnisse grundlegender Art, so dieser Neukantianer, würden aber nicht dadurch obsolet, dass die Faktenlage sich umdefiniere. Gedanken des Meisters aus Königsberg enthielten eine *Arbeitserfahrung*, eine *Denkanstrengung*, im besonderen Falle von Kants Annahme, dass es mit Sicherheit Intelligenz außerhalb des Planeten Erde und vermutlich auch außerhalb des Sonnensystems gäbe: Die Generosität dieses Gedankens, der darin enthaltene »Respekt vor dem Unerforschten« – bei all dem gehe es um Proportionsverhältnisse. Dies eben sei die Bedeutung des Wortes Konstellation. Er als Gelehrter des Jahres 2021 wolle betonen, dass es sehr wohl Konzeptionen gebe, so wertvoll, dass sie, wenn sie auf die durch Fernrohre feststellbaren Tatsachen nicht passen, eben für ihre Anwendung *neue Tatsachen* sich suchen müssen.

Es »frappiert mich«, schrieb der junge Gelehrte und Enthusiast, dass Immanuel Kant die Besiedlung fremder Planeten mit außerirdischer Intelligenz für *eine unabweisbare Tatsache* gehalten habe. Dem Magister aus Königsberg fehle der »Hochmut des anthropozentrischen Blicks«.

Die Intelligenz und die Körper »der Fremden draußen im Kosmos«, heiße es in Kants Analyse, hätten sicher andere Körper und – entsprechend den anderen Verhältnissen auf dem fremden Planeten – eine andere Ausformung der Intelligenz. An dieser Aussage, führt der Neukantianer seine Überlegung fort, ändert sich nichts dadurch, dass wir heute wissen, dass es auf dem Planeten Jupiter keine »Lebewesen mit stämmigeren Muskeln wegen der stärkeren Schwerkraft dort« gebe. Auch sei die Annahme, dass mit zunehmender Entfernung von der Sonne, nämlich dem höchsten Konzentrat an verdichteter Materie in unserem Planetensystem, die Freiheit der feinen Zellgewebe, die Gelenke der Körper, die Elastizität der Nerven und auch der Intelligenzen zunehme, eher abwegig. Nichts aber davon sei bereits endgültig und für alle annehmbaren Fälle widerlegt. Ob, wenn der Planet Jupiter keine Lebewesen in seinen gigantischen Wolkensystemen beherberge, nicht vielleicht der Planet selbst über Intelligenz verfüge, das sei erst noch zu erforschen.

Es werde sich aber schon in den nächsten Jahrzehnten, so der Heidelberger Neukantianer, erweisen, dass die astrophysikalische Forschung auf *außerirdische Lebendigkeiten* treffen werde. Nur die Entfernung zu den Himmelskörpern, auf denen sich dieses außerirdische Leben bewege – »geistig« und »weltrepublikanisch« –, sei deutlich größer, als die Astronomen im 18. Jahrhundert meinten. Der Gelehrte in Heidelberg besuchte häufig das Max-Planck-Institut für Astronomie und dort den Nachfolger des Experten für theoretische Astronomie Dr. Rolf Sprengel. Der saß wie sein Vorgänger vor einem gewaltigen Computer und sortierte Ergebnisse zur Himmelsmechanik nach dem Kenntnisstand des Jahres 2021.

Zunahme der Lebendigkeit im Abstand vom Zentrum der Materie

Für den an Plato geschulten Idealisten – in diesem Fall für Immanuel Kant – ist der Abstand zum Zentrum der Materie (für uns also zur Sonne) das Maß, in dem der Geist und die Feinstruktur sich frei zu entwickeln vermögen. In seiner *Himmelslehre* hat Kant deshalb angenommen – ohne selbst über Messungen oder Beobachtungen zu verfügen –, dass Lebewesen in Sonnennähe, z. B. in der Umlaufbahn des Planeten Merkur, Zwergengestalt haben müssen. Weit jenseits der Erdenbahn dagegen, also im weiten Abstand vom massereichen Muttergestirn, etwa auf dem Planeten Jupiter – falls er einst bewohnbar wäre, derzeit, so schreibt Kant, sei er noch zu jung und zu turbulent für eine Besiedelung –, würden dortige Lebewesen zu Riesen, sowohl dem Geiste wie der Körpergestalt nach. Die Größe an Lebendigkeit und Feinstruktur, die sogenannte Idealität, sei stets proportional zum Abstand von der Schwerkraft auslösenden Materie. Er nannte dies die »Gravitation zweiter Ordnung«.

Abb. 43: Ich im Jahre 1935 im Berliner Zoo, mit Löwe und Bär. Die Tiere im Dienste des Fotografen ängstigen mich.

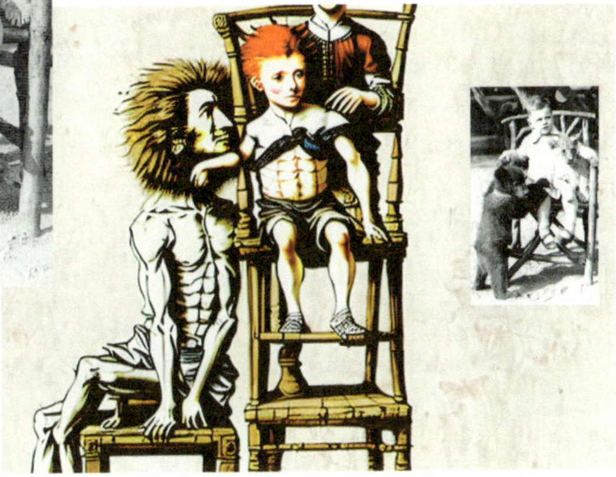

Abb. 44: Variation der Fotografie mit meiner virtuellen Kamera (KI). Auf dem Schwarz-Weiß-Foto ist meine Haarfarbe nicht zu erkennen. Auf einem zweiten Foto in meinem jetzigen Alter habe ich graue Haare. Aus meiner Hautkonsistenz, die von meiner Mutter und der englischen Großmutter stammt, analysierte die KI aufgrund ihrer weitreichenden Dateierfahrung, dass Kinder mit dieser Haut rote Haare haben. Das stimmte mit den wirklichen Verhältnissen im Jahre 1935 überein: vossrotes Haar.

Abb. 45

Das Pferd, ein Apfelschimmel, das den Leutnant Gustl aus Wien in den Grenzschlachten von 1914 in Galizien rettete, indem es seine Dressur vergaß …

Die Kavalleriepferde der österreichischen Armeen, die 1914 auszogen in den Kampf, waren wie die Kriegspferde aller Zeiten auf Attacke und Angriff trainiert. Sporen, Schwarmgeist – zugleich sind sie wild vor Angst und voller Widerwillen gegen den brutalen Zusammenstoß, dem sie entgegenrasen, sind sie auf den Angriff vorbereitet, während sie doch von Natur aus Fluchttiere sind, die vor einem Hindernis oder einem Feind auszuweichen wissen. In den Grenzschlachten, in die der Stratege Österreichs, Generalstabschef von Hötzendorf, die Truppen hineinführte, standen aber den Kavalleristen und somit den Pferden russische Maschinengewehrabteilungen und Kanonen gegenüber, die in einigen der Pferde bei der Attacke die Dressur löschten, auch die Panik und Geistesverwirrung und damit den ursprünglichen Fluchtinstinkt inmitten des Gefechts wiederherstellten. So kehrte das Ross des Oberleutnants Gustl um und rannte in die Fluchtbewegung hinein, die sich in den Streitkräften Österreichs an diesem Tage ausbreitete.

Die Chausseen waren überflutet von Reitern, Bagagewagen, Infanterie, die sich fluchtartig in Richtung Lemberg bewegten. Das Pferd des Leutnants, das eine urtümliche Klugheit wie durch Zauber wiedergewonnen hatte, galoppierte in höchster Verausgabung seitlich der Chausseegräben und Alleen im freien Gelände über Äcker und unkrautbesiedelte Ödnis. Der Leutnant hockte auf dem Rücken des von ihm nicht beherrschbaren Tieres. Noch waren in der Ferne die Geräusche der Kanonen, deren Klang zuvor die Ohren von Pferd und Reiter zerrissen hatten, zu hören. Das

Pferd, in schnellem Galopp ganz ruhig geworden, selbstbewusst und unbeeinflussbar durch die Schenkel seines Reiters, die auch ziemlich willenlos herabhingen. Der Reiter selbst gewann Hoffnung, dass er an diesem Tag Rettung fände und blieb passiv und lauernd in seinem Sattel. Am Abend der Schlacht trafen Reiter und Pferd auf Kameraden. Am breiten Tisch einer Schenke saß Leutnant Gustl, sieben Gläser Branntwein standen geleert vor ihm, entweder Wette auf sein weiteres Überleben oder Dank an »das Schicksal als Katze«. Das Pferd fraß im Stall der Wirtschaft und stärkte seine strapazierten Muskeln.

Eine besonders erfolgreiche Polizeihundeerziehung

Niemand erzieht so wie der Polizeihundzüchter Trägemann vom Verein MS in Mainz. Von ihm gelangt bestes Hundematerial in den Dienst, seit er in der Polizeihundeschau Charkow 1942 mit dem Rüden »Bessermann« seinen Anfangserfolg erzielt hatte. Eine Sonderzüchtung sind Trägemanns Metallsuchhunde. Streng genommen sind sie keine Züchtung. Nach Züchtung wertvoller Hundeeigenschaften dressiert Trägemann diesen Schäferhundetyp auf das Aufspüren von Metallen, z.B. den Rüden »Babsi«. »Er scheint Metall gern zu mögen.« Der Hund spürt metallene Beweisstücke, z.B. Bomben, Sprengkörpersplitter, verborgene Waffen auf, hat jedoch den Nachteil, dass er gefundene Schrauben, Plastikröhren und Metallbolzen verschluckt. Es ist ein großartiger Polizeihund, aber er hält das gefundene Beweismaterial zurück. Man muss ihn mit einem Metalldetektor abhorchen und ihn entweder mithilfe eines Brechmittels dazu bringen, es wieder von sich zu geben (aber immer klappt das nicht), oder aber ihn operieren, wenn er z.B. eine Zündkerze gefressen hat, die ein Beweismittel ist. »Es ist so«, sagt Trägemann, »dass ich diese bedingten Reflexe (denn ich lese selbstverständlich die Literatur) auslösen kann bzw. zuvor fest im Charakter des Hundes verankere, aber ich kann das Maß dieser Verankerung nicht steuern.« Auf dem Markt wird Trägemann diesen Hundetyp nicht los. Die Polizeidienststellen scheuen die Kosten für Metalldetektoren, fürchten auch Indiskretionen, die ihnen, falls sie den Hund operieren, den Tierschutzverein auf den Hals hetzten. »Wir können uns auch nicht einen Hunde-Veterinär und eine chirurgische Abteilung leisten, nur um diesen Typ des Polizeihundes zum Einsatz zu bringen.«

Katzen im Weltraum

Es war in der Zeit, als die Raumfahrt begann. In einem der Forschungsinstitute des »Sternenstädtchens« bei Moskau, datschenumsäumt, klinikversorgt, einer der modernsten Wissenschaftsstädte der Welt, waren in den Labors Gehirne von Katzen untersucht worden. Verglichen mit den Hirnen von Hunden, Vögeln oder Krokodilen (letztere das Verbindungsglied der Vögel zu den Sauriern) waren, was Navigation betrifft, die Schaltzentralen der Katzen, vor allem die eines wilden sibirischen Stammes, jenen weit überlegen. Gleichgewichtsgefühl in schwerelosem Raum: erstklassig. Raschheit bei der Betätigung der Tasten eines Steuermechanismus (entsprechend der Zuschlagsgeschwindigkeit bei der Jagd nach Kleingetier): überragend. Daher war geplant, die Hunde, die in den Raumkapseln oft träge reagierten und denen Fehler unterliefen, in den Missionen im Orbit durch Katzen zu ersetzen.

Dann aber die Enttäuschung! Bei den Anlernversuchen im Cockpitmodell der Raumkapsel waren diese Eigenbrötler zu keinem geordneten Einsatz ihrer Fähigkeiten zu gewinnen. Weder auf direkte Belohnungen noch auf Signale (durch bedingten Reflex an Belohnung gebunden) antworteten sie. Menschenfremd, ohne Erinnerung an Dankespflicht für vorherige Wohltaten, stets an der aktuellen Situation orientiert, lungerten sie mit Zeichen der Ungeduld in ihrer Kammer. Offenkundiger Wunsch nach Ortswechsel. Die Beobachter, alles Wissenschaftler der Spitzenklasse, wussten, dass es diesen Katzen an Fähigkeit und besonderem Verstand nicht mangelte. Gänzlich fehlte ihnen der Wille. Nahm man sie aus ihrem Gefängnis heraus, umschmeichelten sie Hals und Schultern des ihnen vertrauten Betreuers, erheischten Streicheleinheiten und Leckereien (ohne sich verdient gemacht zu haben, sozusagen um der Sache selbst willen).

Sollte man es mit anderen Exemplaren der Gattung versuchen? Vielleicht doch mit Hauskatzen, deren navigatorische Fähigkeiten und deren Reaktionsvermögen bei der Betätigung von Tastaturen Laborergebnissen zufolge denen der Wildkatzen nachstanden? Auch Tempelkatzen und die seltenen im Wachdienst des Werkschutzes in den USA bewährten Warnkatzen, die jeden Saboteur oder Terroristen rasch zu entdecken verstanden, wurden erprobt, waren aber so wenig wie ihre Vorgänger folgebereit, sobald sie in ein technisches Gerät eingekerkert wurden.

Wjatscheslaw N. Shilin, einer der Forscher und Betreuer, der seine Katzen sehr liebte, riet von der weiteren Verfolgung dieses eingeschlagenen Weges in der Raumfahrt ab. Nicht einmal einen Start werde man mit diesen *Freiheitsdurstigen* zustande bringen. Von einem längeren Aufenthalt auf dem Mars ganz zu schweigen. Der Mann galt im »Sternenstädtchen« als Frauenverführer. Er habe erlebt, berichtete er, dass er einer jungen Frau Zuwendung entgegengebracht und sie sich ihm hingegeben habe, was aber längst nicht bedeutete, dass sie ihn wiedergeliebt hätte. Sie sei nur so lange bei ihm geblieben, wie es ihr passte. Ähnlich empfinde er die »Herzlichkeit einer wilden Katze«. Eine davon schmiegte sich gerade wie ein Pelz um seinen Nacken, Pfoten auf seinen Schultern, schnurrend, während er das Fell liebkoste. Täglich, sagte er, fordert sie ihre Ladung an Zärtlichkeit, kleinen Aufmerksamkeiten, Geschenken. Nie aber hätte das Tier ihn abgeschleckt, wie es seine Hunde täten. Liebe sei für die Katze eine Einbahnstraße: zu ihnen hin, aber nie zurück. Dabei schienen die Tiere nicht gleichgültig zu sein. Sie hätten vielmehr ein genaues Unterscheidungsvermögen, was ihnen gefällt und was nicht. Dass dieses Urteilsvermögen je die Bezeichnungen »Gehorsam«

oder »Einsatzbereitschaft« verdiene, bezweifle er. Jedenfalls löse nichts, was er tue, bei ihnen Dankbarkeit aus. Es bleibe bei ihrem unsäglichen Freiheitsdrang.

»Lieber sterben als emotional lügen.« Das habe Geltung, wenn man bei Wildkatzen von Emotion sprechen wolle und nicht von einer grundlegenden Fremdheit (Distanz zum Menschen). Shilin führte das auf eine außerplanetarische Herkunft seiner Katzen zurück (von denen er in seinen Laboratorien 64 untersucht hatte). Sie stammen von ägyptischen Tempelkatzen ab, die nach Weggang der Götter und Verödung der Tempel ins Freie ausgewildert worden waren. Alle Wildkatzen, die bis Sibirien gelangten, behauptete Shilin, sind ehemalige Tempelkatzen. Als Außerirdische sind sie zur Raumfahrt prädestiniert, werden aber die unbeholfenen Versuche der Menschen, einen Platz im Weltraum zu ergattern, von sich aus nicht fördern.

6

Von der Politik eines Hundes / Experimente mit transgenen Mäusen / Kulturgeschichte der Mausefalle

Die Politik eines Hundes

Es handelt sich um eine alte Dame. In seiner Jugend bestach dieser Jack Russell durch seine Energie. Halbmeterhoch durchsprang er das Gras. An Stränden rannte er im Wind. Inzwischen kennt er die Personen des Haushalts, weiß, was er tun muss, um seine Bedürfnisse befriedigt zu sehen. Alle dienen diesem Hund.

Er gehört zur Spezies der Warmblüter, interessiert an der Unterscheidung zwischen guten und schlechten Wärmequellen. Wo sind die angenehmsten Stellen – und die wärmewahrenden Stellungen – in der Wohnung? Darin ist dieser Hund Experte. Um Millimeter korrigiert er seine ruhende Lage in dem Sonnensegment, das von den hohen Fenstern aus den Boden erreicht und minütlich wandert. Der Hund folgt dem Tageslicht, damit dem Fell auch nicht ein Quentchen davon verloren geht.

Viermal am Tag wird er für die Projekte »groß« und »klein« nach draußen geführt. Heute sorgt der Regen dafür, dass die Reise kurz bleibt. Das linke Auge scheint erblindet zu sein, man wird es nicht operieren können. Das rechte zeigt grauen Star. Die Sichtweite beträgt etwa vier Meter. Der Dom der Gerüche, den er von seinen Ausflügen ins Freie mitbringt oder auch in jeder Lage im Hause neu aufbaut, bleibt gewaltig. Wir glauben, dass er sein Bild im Spiegel des Fahrstuhls wahrnimmt, wenn man ihn nah dagegenhält, aber er erkennt sich nicht selbst. Es scheint, dass sein Selbstbild sich oft wandelt. Manchmal ist er ein Riese, manchmal ein Zwergenhund. Das hängt davon ab, wer ihn gerade beriecht. Im Verhältnis zu uns, den Begleitpersonen seiner Existenz, hält er sich wohl für einen Menschen, dem aus Narretei der Kollegen der Sitz am Mittagstisch verwehrt ist. Begeben wir uns zum Essen, geht der Hund zu seinem

Napf. Immanuel Kant spricht von einer Merkwürdigkeit der Apperzeption, »dem transzendentalen Hund«. Die Hunde weisen äußerlich und in ihrem Seelenleben Unterschiede auf, so Immanuel Kant (zum Beispiel ein Pekinese im Vergleich zu einem Bernhardiner), die den Allgemeinbegriff »Hund« nicht nahelegen. Die Verschiedenartigkeit stört offensichtlich den Begriff wenig, dessen Einwohner der Hund ist. Der Begriff vom Hunde, fährt Immanuel Kant fort, sei deutlicher umrissen als der des Menschenrechts, wenn es doch Sklaven, Adel, Umherziehende wie Zigeuner, Indianer und Bürger mit sehr verschiedenen Rechtsansprüchen gebe. Zufrieden liegt unser Hund auf seinem Lager.

Tod einer Hündin

Unsere Hündin war vorsichtig geworden in ihren Bewegungen. Nichts mehr von dem tolpatschigen, wagemutigen Eifer der jungen Jahre. Auf einer Stufe von vielleicht 30 Zentimetern Höhe zwischen Flur und Küchenboden, nicht höher als die Hälfte des Hundekörpers, lief das Tier stets hin und her, zögerte vor dem Abgrund.

Deshalb bleibt es ein Rätsel, warum sie (wenige Stunden nachdem wir sie aus ihrem Ersatzquartier abgeholt hatten, in dem sie während unserer Reise untergebracht war) den Eisenbalkon betrat, der sich im zweiten Stock des Hauses befand und zum Garten wies. Sie ging sonst nie dorthin. Dort – mit Blick auf die im Sommerwind bewegten Blätter eines Baumes, allerdings sah sie mit ihren vom grauen Star verwüsteten Augen nicht viel – zwängte sie sich durch die engen Eisenstäbe des Gitters und verlor, als sie bereits mit etwa dem halben Körper durchgekrochen war, das Gleichgewicht und stürzte nach unten.

Schreie einer Nachbarin. Das Tier lag im Gras unter Balkon und Baum, die Zähne im Schock gefletscht. Die Beine von sich gestreckt. Ruhig lag unsere Hündin da, sagten alle, die es gesehen hatten. Nein, sie winselte nicht, klagte keineswegs. Sie war entweder schreckensstarr oder voller Ruhe. Ein Tuch aus dem Schrank für Wintersachen und ein Kissen wurden herbeigeschafft. Die Nachbarin und meine Frau betteten das Tier behutsam für den Transport. Währenddessen Anruf bei einer Tierärztin. Ja, Sie können gleich kommen.

Im Krisenmoment wird die Hierarchie der Tröster deutlich. Meine Frau suchte dringend Rat, obwohl an sich klar war, was zu tun blieb, und die Nachbarin ihr mit praktischen Hinweisen beistand. Das Kissen, auf dem die Hündin lag, stützte die Nachbarin seitlich. Meine Frau erreichte per Handy meine Tochter, die zum Haareschneiden beim Friseur saß. Sie brach den Termin ab. Ich melde mich morgen neu an, sagte sie. Im Taxi eilte sie heran.

Es gab bei der Tierärztin nichts zu entscheiden. Nur dem Anschein nach, sozusagen aus ärztlicher Höflichkeit, deutete die Tierärztin an, dass man den Hund noch in der Klinik röntgen lassen könne. Besser allerdings sei es, ihn einzuschläfern.

Dies sei der »letzte Todeskuss«, das, was man noch tun könne, wenn man das Tier liebe. Die intakte Haut der Hündin verberge, dass der kleine Körper innerlich zerstört sei. Die Tierärztin hatte dem mit starr nach außen gestreckten Gliedern daliegenden Hund eine Beruhigungsspritze gegeben, um Zeit zu gewinnen. Aus dem After tropfte Blut. Die Hinterbeine reagierten auf keine Reizung. Ich gehe davon aus, sagte die Ärztin, dass das Rückgrat gebrochen ist. Sie müssen Ihre Entscheidung treffen. Die Augen des Tieres blickten ruhig. Es sieht so aus, als ob sie träumt, sagte meine Tochter. Sie erkennt am Geruch, dass wir da sind.

Das konsistente emotionale Feld, welches den Raum erfüllte und dessen Hinlenkung zu einem Entschluss in der Absicht der Ärztin lag, blieb unbeweglich. Die Tierärztin hatte die Spritze, den »Todeskuss«, aufgezogen und neben die Hündin gelegt. Ein übereinstimmendes Nicken meiner Frau und meiner Tochter gab die Erlaubnis.

Die Tierärztin legte das Kissen mit dem Hund anschließend auf den Tisch im Nebenraum des Behandlungszimmers. Sie können hier Abschied nehmen, sagte sie zu den Frauen. Allmählich wurde im Lauf der nächsten Stunde der Körper des Tieres kalt. Absprachen wurden getroffen: Der Körper des Tieres soll verbrannt und die Asche in der nächsten Woche zugeliefert werden.

Das Tier wollte uns nicht rammen

Auf dem steilen Bergweg kommen uns zwei Reiter entgegen. Den erwachsenen Reittieren folgt ein Fohlen in einigem Abstand. Wir grüßen Vater und Tochter und sehen zu den schönen Rössern hin, erschrecken dann, weil das Fohlen überraschend rechts von uns den steilen, grasbewachsenen Hang entlanggaloppiert, direkt am Abgrund, sodass ein einziger Fehltritt dem Tier das Gleichgewicht rauben müsste. Das Fohlen wollte uns nicht rammen.

Wir, abgelenkt von Reiter und Reiterin, blockierten die Mitte des Weges. Das junge Tier wollte aber auch nicht den langsamen Pferden auf deren Spur folgen, sondern (aus irgendeiner Regung heraus) uns sämtlich überholen, und preschte so an der gefährlichsten Zone des Weges voran. Diese Fluchttiere haben ein von der Haut ausgehendes Ahnungsvermögen für Hindernisse und Abstürze im Umkreis. In diesem Ahnungsvermögen fühlen sich die Tiere sicher. Ähnlich wie Menschen sich in ihr Vorstellungsvermögen hüllen und so eine Gefahr leugnen, was aber nie so hilfreich ist wie der Instinkt der Fluchttiere, die sich ihren Fluchtweg am Rande des Abgrunds bahnen.

Der Geist des Vaters

Der Hund sieht nicht viele Menschen hier, sagt die Gutsherrin. Manche lehnt er ab. Er stößt sie um und »bricht sie in der Taille«. Damit meinte sie, dass er zubeißt. Er sucht sich unter meinen Freunden einige aus, sagte die Frau, mit denen er spielt. Er lasse sie keinen Schritt tun, ohne ihnen zu folgen, mit ihnen zu spielen und sie zu zwicken. Das bedeutete, dass der Bernhardiner (der Butzi hieß, sie hatte ihn als Wollknäuel in Kopfgröße des jetzigen Hundes gekauft) den Besucher umwarf und zubiss.

Die Gutsherrin bewohnte das sogenannte Herrenhaus. Sie hatte die 1000 Hektar Grundfläche verpachtet, und sie war entschlossen, aus Liebe zu ihrem toten Vater nichts von diesem Besitz aufzugeben. Das zwang sie, in dieser Einöde auszuharren. Den Gedanken an den Vater zu wahren – eine in Grund und Boden verankerte Idee. Einige der Freunde gingen davon aus, dass die Seele des Vaters im Bernhardiner fortlebe.

Sie hatte beim Landrat die Ausnahmegenehmigung erwirkt, den Vater im Garten unter Erlen am Gebirgsfluss zu beerdigen. Dass er dort tatsächlich lag, war ihr nicht wichtig. Sie führte den Vater vielmehr in Form dieser großen Hundeseele mit sich, die störrisch und unbeherrschbar blieb wie der in ihr verkörperte Auftrag.

Nun aber gehörte nicht sie dem Hund, sondern dieser ihr. Das stand in Widerspruch zu der Tatsache, dass ihre Liebe dem Vater gehörte (er aber nicht ihr). Um das Missverständnis zu vermeiden, war sie nicht bereit, höfliche Versicherungen abzugeben: Ach, dieser Hund beißt nicht. Oder: Er gehorcht mir. Vielmehr betonte sie seine objektive Gefährlichkeit, indem sie, sobald er anzugreifen drohte, heftig an seinen Zotteln zerrte, ihn auf den Rücken warf und besänftigend kraulte. Sie wies darauf hin, dass sie eine äußerste Gefahr für den Besucher abzuwenden suchte – soweit ihre Kräfte gegenüber der im Hunde enthaltenen Naturgewalt ausreichten.

Mit der Zeit kamen immer weniger Besucher. Sie beschönigte nichts, sagte, er werfe nicht nur Kinder um, man dürfe den Hund nicht bis in die Nähe des Halses gelangen lassen. Etwas anderes zu sagen, wäre auch unwahr gewesen.

Vergebliche Suche zweier Tauben nach einem ruhigen Moment

Die beiden prallen Körper, der fernen Abstammung nach mittelmeerische Felstauben, inzwischen aber Großstädter in der Mitte Europas, drängten sich aneinander. Seit Wochen betrieben sie Nestbauversuche. Die Tauben hatten dafür einen an sich ungeeigneten Ort gewählt: die eiserne Fläche vor der Schiebetür des Aufzugs im zweiten Stock eines Bürogebäudes. Die vom Täuberich eilfertig herangetragenen Zweige und Halme, die einen Nestbau symbolisch andeuteten, waren in Gefahr, von den Leuten, die den Fahrstuhl benutzten, der an der Außenseite des Gebäudes angebracht war, zertreten oder beiseite gefegt zu werden. Schon das Öffnen und Schließen der mechanischen Fahrstuhltür würde die Zerstörung des Nestes bewirken.

Noch lagen an der Brutstätte keine Eier. Oft gesellte sich das Männchen zu seiner Vertrauten und positionierte seinen Brustkorb an der Brust dieser Taube. Es sah so aus, als wollte der Vogel seiner Gefährtin »Wärme« zuführen.

An diesem Freitagabend war die Lage für die beiden Zukunftsplaner günstig, da am bevorstehenden Wochenende – was die Tauben nicht wissen konnten, da diese Tiere kein Wochentagsschema empfinden – nur wenige Leute den Fahrstuhl benutzen würden. So konnte es gelingen, wenigstens den Anfang einer Eiablage und einer Bebrütung zu machen. Mochte danach geschehen, was wollte: Es ist die evolutionäre Mitgift von Tauben, dass sie mit der Fortzeugung beginnen, auch wenn die übernächsten Schritte für den elterlichen Vermehrungsprozess unvorhersehbar in der Zukunft liegen.

So saßen sie. Ein Besen ohne Stiel, der am Donnerstag vom Büropersonal zu ihrer Abschreckung dort aufgestellt worden war, galt ihnen als Schutz und Buschwerk oder gar als Felsstück. Die Unterfläche der Eisenschiene vor der Fahrstuhltür glich durch herbeigeholtes Holz einem genuinen Lager.

So habe ich sie einträchtig noch am Sonntag spätabends gesehen. Es war allerdings seit dem Freitagabend zu wenig Zeit bis zu einer endgültigen und entschlossenen Eiablage und zur Vorbereitung der Erwärmung solcher wertvollen Güter vergangen. Dann sah ich am Montagmorgen den Experten der Taubenabwehr. Er lauerte mit einem Helfer und einer Stange und dem daran befestigten Fangnetz im Treppenhaus. Das Lager der Tauben schien verlassen. Tauben sind vorsichtige Tiere, die einen Späher sehr wohl bemerken. Die Elternteile waren geflohen, der Taubenfänger prüfte, wie er sie locken könnte. Er hätte das Nest zerstreuen, ein Netz aufspannen können, welches den Zugang zum Perron vor der Fahrstuhltür für Tauben gesperrt hätte. Einige Zeugen des Geschehens, das die Nutzer des Gebäudes (Büropersonal, das Pausen genoss) emotional beschäftigte, interessierte der Fortpflanzungswille der Tauben. Sie übersetzten ihn in menschliche Verhältnisse. Zugleich prüften sie den Gedanken, ob es für den Taubenfänger nicht doch einfacher wäre, statt die Tauben mit einem Netz zu fangen, sie zu vergiften oder sonstwie zu töten. Nein, antwortete der professionelle Taubenjäger auf die Fragen, ich töte keine Tauben. Ich fange sie, transportiere sie hundert Kilometer aus dem Stadtgebiet hinaus und setze sie im Freien aus. Dort kann es sein, dass Raubvögel sie umbringen, ich tue das nicht. Ich bin auch nicht Taubenjäger, sondern Spezialist für die Tauben*abwehr*. Ich berate Grundstückseigentümer und Verwaltungen, wie man Gebäude gegen die übermächtige vitale Präsenz sekretabsondernder Tiere verteidigen kann. Sehen Sie, sagte er, hier oberhalb des Fahrstuhls haben wir Eisenstacheln angebracht, welche die Annistung von

Tauben, die Nischenbildung, verhindern. So war »die etwas verrückte Idee des Taubenpaares« vermutlich Resultat gelungener Taubenabwehrmaßnahmen. Wenig andere Plätze waren am Gebäude übrig, die den Nestbau erlaubt hätten.

Nicht alle Tatzeugen glaubten, dass der Taubenabwehrexperte hundert Kilometer Landstraße zurücklegen würde, um die beiden Tauben ordnungsgemäß auszusetzen. Momentan bestand sein Problem darin, die beiden Nachwuchswilligen zu ihrem Nestplatz zurückzulocken, um sie einzufangen. Am Spätnachmittag waren weder der Fänger noch die Tauben mehr zu sehen. Die Chance des eigentümlichen Paares war auf den Zeitraum zwischen Freitagabend und Montagmorgen begrenzt gewesen, sozusagen auf die Zeit der religiösen Feiertagsruhe. Nur Abkömmlinge mittelmeerischer Felstauben, denen es gelingt, in einer solchen Zeitlücke das Nest zu bauen, die Eier zu legen und sie zu bebrüten, werden in den Metropolen künftig eine Chance haben. Für das Tier der Dreifaltigkeit, die Taube, ist evolutionäre Eile geboten.

Tödlicher Zusammenstoß zweier Rennpferde

In voller Geschwindigkeit sind am Dienstag an einem Strand an der Küste Nordfrankreichs zwei Rennpferde tödlich verletzt worden. Der Unfall im Badeort Saint-Jean-le-Thomas hatte sich ereignet, als eine Trainingsgruppe für Jungunternehmer mit drei Pferden bei hohem Tempo in eine entgegenkommende mit zwei Pferden hineinkreuzte. Eines der Tiere brach seitlich aus, während zwei Pferde frontal mit den Köpfen zusammenstießen. Wegen der steigenden Flut hatten die Sportler nur wenig Platz.

– Für die Pferde wäre der Ausweg ins Wasser einfacher gewesen. Pferde schwimmen. Jungunternehmer auch. Es hätte ihnen aber nach den Regeln des Trainings als Feigheit ausgelegt werden können, hätten sie die Enge des Raumes für den Vorbeiritt gemieden. Wagemut war gefragt. So lenkten die Schenkel das Schicksal …
– … Und sie lenkten intelligente Tiere – ich gehe davon aus, dass die Firma, die dieses Unternehmenstraining betrieb, besonders schlaue Tiere für die Ritte am Strand ausgesucht hatte, welche Zusammenstöße von sich aus vermeiden. Ich hatte immer gedacht, Pferde seien instinktsicher.
– Nicht unter Bedingungen, wie sie an Nordfrankreichs Stränden bei stürmischer See existieren. Sie halten das Getöse der Brandung für Gewitter und werden in ihrem Instinkt unsicher.
– Sodass, versicherungsrechtlich gesehen, der Unfall nicht von Menschen veranlasst ist?
– Nicht von den beiden Reitern.
– Obwohl sie mit Schenkelkraft die Idee des Trainingslagers gegenüber den verunglückten Pferden durchsetzten.

– Sie meinen, die Initiatoren des Trainingslagers seien die Verantwortlichen und insofern haftbar?
– Das will ich doch meinen. Sie setzten den gesunden Menschenverstand außer Kraft, ebenso wie den Instinkt der Pferde. Beides hätte die Kollision unwahrscheinlich gemacht. Die Katastrophe sieht ja ähnlich aus wie die Kollision in einem mittelalterlichen Turnier.
– Mit der Besonderheit, dass eines der Pferde seitlich ausbrach. Beinahe wären die beiden Reitergruppen auch bei enger Platzierung aneinander vorbeigekommen.
– Das Wort »beinahe« gibt es im Versicherungsrecht nicht.
– Das müsste Thema des nächsten Jungunternehmer Trainingslagers sein.
– Welches Gestüt stellte die Pferde?
– Das ist ein interessanter Hinweis, den ich an die Anwälte der Versicherung weiterleiten möchte. Das Gestüt hätte Pferde, die mit Schlechtwettererfahrung an diesem Strand ausgerüstet gewesen wären, zur Verfügung stellen müssen. Vielleicht ist daher die Lieferfirma der Pferde die Schuldige.
– Der Moment des Zusammenpralls der Pferdeköpfe, unter Zerstörung beider Hirne (es sind Rennpferde von hoher Qualität), umfasst, wie ich dem Bericht entnehme, zwölf Sekunden. Vorher hätte man durch leichte Kopfbewegung den Zusammenprall vermeiden können, in den letzten zwölf Sekunden nicht mehr.
– Man hätte langsamere Pferde gebraucht.
– Ja, Reitpferde, nicht Rennpferde.
– Das war bei dem Ehrgeiz und dem Rang der Jungunternehmer schwer möglich. Man musste Bestpferde nehmen.
– Wie das Ganze ja ein Besttraining war für Bestleute.
– Ist das Trainieren auf solche Werte für Unternehmer, die einmal börsennotierte Firmen befehligen werden, nicht gefährlich?

– Wenn Firmenköpfe auf engem Strand gegeneinander anrennen, führt das bei der geringsten falschen Bewegung zum Zusammenstoß der Hirnknochen.
– Sie meinen zum Tod beider Firmen?
– Das Problem ist in der Welt bekannt.
– So etwas sollte nicht in Trainingskursen für die Elite geprobt werden.

Die Gesprächsteilnehmer, die in Balbec bei ihren Aperitifs saßen, in gewisser Vorfreude auf die abendliche Hauptmahlzeit, wie sie nur Gallier empfinden, gehörten konkurrierenden Versicherungsunternehmen an. Generell kam es darauf an, das Risiko der Versicherungsgesellschaften, der befreundeten wie der verfeindeten, zu senken. Kühnes Jungunternehmertum, vor allem seine Anreizung durch erfolgslüsterne Trainer, lag keineswegs im Interesse von Versicherungsgesellschaften, die Wahrscheinlichkeiten verwalteten.

Der Unfall

Der Sunrise-Bus nach Southold/Orient, Long Island, fährt 6.30 p.m. von der Third Avenue/Ecke 44. Straße ab. Der Taxifahrer fuhr Gaby zur Sixth Avenue (angeblich Hörfehler), korrigierte seinen Kurs zur 42. Straße/Third Avenue, nahm das Geld; sie rannte und erreichte den Unglücksbus eine Minute nach 6.30 p.m., der Fahrer ließ sie einsteigen, und der Bus fuhr nach Durchfahren des Tunnels in östlicher Richtung dem Landrücken zu. Eine Kette roter Rücklichter ohne Ende für Stunden. Sie schlief sofort ein, weil es hier, auf der Rückbank des Busses, keinen Grund für Stress gab.

Der Bus hielt. Der Fahrer stieg aus. Passagiere drängten vor den Bus. Fahrzeuge auf der Gegenfahrbahn. In der Ferne organisierte sich ein Dienst, der neu eintreffende Fahrzeuge aufhielt.

Sie war nicht sogleich wach, das heißt ihr Verstand hielt schon Ausschau, aber die Augen bildeten nicht ab, was sie sah. Sie beugte sich vor, erhob sich wie die anderen vom Sitz, sie verließ den Bus. Im Scheinwerferlicht der Fahrzeuge lag ein Rehbock, die Vorderläufe wohl gebrochen. Er »kroch« oder »robbte« über die Autobahn, suchte die linke Seite der Autobahn zu erreichen.

- Soll man das Tier erschießen? Es leidet …
- Ja, aber womit soll ich denn schießen?, antwortete der Fahrer. Ich könnte es noch mal überfahren.
- Oder ein Tierheim anrufen? Einen Tierarzt?
- Wo ist hier eine Funkverbindung? Haben Sie ein Funkgerät dabei?

Das Tier lag einige Minuten ruhig zwischen den Fahrzeugen, die Augen aufgerissen, aber man wusste nicht, ob geblendet oder »intensiv blickend«. Schon wollte sich Ruhe einstellen unter den Betrachtern, einige bestiegen den Bus, Fahrzeuge auf der Gegenbahn rollten bereits langsam an.

Da aber versuchte sich das Tier nochmals zu erheben (es rutschte sogleich zurück auf seinen Bauch), ein Fiepen begleitete den »verzweifelten Versuch«, wenn wir einem Tier Verzweiflung zusprechen können.

Die Betrachter aber hatten ihre unvorbereiteten Seelen wie Lautsprecher des tierischen Schmerzes aufgestellt. Die in den Bus eingestiegenen Personen kletterten wieder hinaus. Das Tier rutschte auf dem Bauch über die markierte Betondecke, suchte die Grasnarbe des Mittelstreifens zu erreichen. Unter den Betrachtern, die sich untereinander besprachen, dem Fahrer des Busses und anderen Autobesitzern schwankte die Meinung: Soll man das Tier weiterkriechen lassen, damit es sich in der Wildnis (die ja wenige Meter seitlich der Hauptstraße beginnen mochte) ein Versteck suchte, um dort »auf natürliche Weise zu verenden« (angefahren von einem Kraftfahrzeug, das rechts auf dem Randstreifen abgestellt war und dessen Fahrer sich vor einer polizeilichen Untersuchung fürchtete), oder war es richtiger, das Tier zurückzuhalten, hier auf der Straßendecke zu betten, wo man es erreichen und sehen konnte, entweder, um es in ein Hospital zu bringen oder um ihm den erlösenden Todesschuss zu geben? Das blieb unentscheidbar.

Der Busfahrer nahm Sprechfunkverbindung zur Zentrale des Busunternehmens auf. Auch dort wusste man keine Lösung für diese Situation.

Das Tier zog eine Blutspur über den Damm. Es hatte inzwischen fast den Randstreifen der Gegenfahrbahn erreicht. Der Busfahrer wendete sein Fahrzeug, sodass die Scheinwerfer auf das Tier zeigten. Der Bus blockierte die Fahrbahn. Einige Fahrzeuge wurden direkt vor dem Randstreifen geparkt und hinderten das Tier daran, weiterzurutschen.

– Wir könnten das arme Tier mit dem Wagenheber erschlagen …
– Das würde die Qualen beenden.
– Ich kann es mit einem Schlag machen, hier gegen die linke Kopfseite. Der Schädelbasisknochen zerbirst, und Knochensplitter treten ins Hirn. Das ist nichts anderes, als wenn ich es erschieße.
– Können Sie denn schießen?, fragte der Fahrer.
– Nein.
– Hat dieses Tier überhaupt Schädelbasisknochen?
– Vielleicht kann ein Arzt das Tier retten? Ist hier ein Arzt?

Es meldete sich kein Arzt und kein Polizist. Das Tier erhob sich erneut, verdarb mit seinen »irren Bemühungen« (»insane efforts«) die Stimmung der Anwesenden.

Der Fahrer, der den Unfall verursacht hatte, sagte: Der Bock ist aus dem Dunkeln in mein Fahrzeug hineingerannt.

Die Schlange von roten Autolichtern, die so hochgemut New York verlassen hatte, war hier, 24 km vor Southold, zum Stehen gekommen. Eine Polizeihubschrauberbesatzung – aber kein Hubschrauber flog an diesem Abend – hätte eine 50 Kilometer lange Kette von Fahrzeugen mit roten Bremslichtern gesehen und auf der Gegenfahrbahn in Richtung New York rasch dahinhuschende Einzelfahrzeuge.

Es war entmutigend, keine Versorgungsbasis, keinen Arzt zur Verfügung zu haben. Die Teilnehmer des Unfalls fühlten sich entmachtet. Was tun? Sie wussten nur, was sie später, heimgekommen, berichten würden. Ihre starken Empfindungen waren zu nichts nutze. Es ist zu überlegen, sagte ein Passagier zum Fahrer, ob hier nicht im Sinne des »Kampfes ums Dasein« eine harte, unsentimentale Haltung angebracht wäre. Unser Mitleid nützt dem Tier nichts.

– Ja, man muss die Quälerei beenden.

Alle sahen, wie das Leben des Tieres schwand. Man kann, sagte der Busfahrer, der weiterwollte (und hierzu Weisung der Zentrale hatte), aber ebenso wusste, dass die allgemeine Stimmung dies noch nicht zuließ, man kann nicht ständig eine Pistole mit sich führen, nur um vorbereitet zu sein, wenn ein Rehbock verendet.

– Haben Sie denn Ihre Zentrale benachrichtigt?
– Ja.
– Und was sagt die Zentrale?
– Sie gibt die Meldung weiter.
– An wen?
– An die Straßenmeisterei, an die Polizei …
– Nicht an einen Tierfänger?
– Sie denken an ein Tierheim?
– Oder an jemanden, der das Tier fachmännisch tötet.

Das Tier hing im Gestrüpp des Straßenrandes und versuchte in den Graben hinabzurutschen. Niemand war mehr da, der das Tier aufhalten wollte. Es plumpste den Abhang hinunter; dort lag es eine Zeit lang still. Die Passagiere bestiegen den Bus.

Gaby, die den Eindruck nicht einzuordnen wusste, sich auf unbestimmte Weise erregt fühlte, als hätte sie einen Film angeschaut, fiel, sobald der Bus eine schrittweise Fahrt aufgenommen hatte, auf das Geräusch des Motors hin in den leichten Schlaf, den das Ereignis unterbrochen hatte.

Die Hoden der Aale

Seit zwei Jahren schon arbeitete Phillie Sophia Jonasson für ihren PhD an der New York University (NYU). Thema ihrer Dissertation war das früheste Forschungsobjekt Sigmund Freuds, das dieser noch vor seiner Doktorarbeit verfolgt hatte. Gegenstand von Freuds Interesse waren die Hoden von Tiefseeaalen, d.h. deren Physis und Metamorphose während des langen Marsches von den Bächen und Strömen ihrer Heimat über den Ozean zur Sargassosee in der Nähe der Bahamas.*

Ausgestattet mit gewaltigen Fettvorräten hatten die Aale die Reise begonnen. Ausgemergelt, mit letzten Kräften, gelangten sie zu den Begattungsplätzen. Statt durch Zweikämpfe mit Konkurrenten, notierte Freud, entschied sich der *evolutionäre Wettbewerb* über dieses Durchhaltevermögen.

Interessant schien es Freud, dass diejenigen Aale, die sich als Voreltern künftiger Generationen durchsetzten, an der Abmagerung zu erkennen waren, ihre Geschlechtswerkzeuge an der Degeneration jedoch nicht teilnahmen. Phillie Sophia Jonasson konnte alle Beobachtungen von Freud nachvollziehen. Die Reisestrecke (zu Vermehrung und Tod hin) betrug 5000 Kilometer. Auf der Hälfte des Un-

* Ms. Jonasson wunderte sich über den Ausdruck »Tiefseeaale«, den Freud gebrauchte. Als »Weidenblattlarve« ziehen die Vorläufer der späteren Aalwesen durch das Salzwasser. Nach Erreichen der europäischen Küsten schwimmen sie in die Binnengewässer ein. Hier heißen sie »Steigaale« oder wegen ihrer Bauchfärbung »Gelbaale«. Nach sechs bis neun Jahren sind sie geschlechtsreif. Auf ihrem Weg durch den Ozean bis vor die Küste der USA schwimmen sie tagsüber in Tiefen bis zu 600 Metern, nachts unweit der Oberfläche. Die Geschlechtstätigkeit findet in einer Tiefe von 2000 Metern statt. Nach Abgabe der Geschlechtsprodukte sterben die Tiere vor Erschöpfung. Jetzt erst sinken sie, so Jonasson, in die Tiefsee.

terwasserweges waren die After der männlichen Aale nach innen genommen. Da die Leistung ohne Nahrungsaufnahme (über mehr als ein Jahr hin) erbracht wurde, waren die Verdauungsorgane verkümmert. Die Leibeshöhle war (bis auf geringe Reste der Vorratsfette) vollständig von den Geschlechtsorganen ausgefüllt.

Welcher erotische Elan aber, so fasste Ms. Jonasson Freuds Forschungsansatz zusammen, führt die Aale so zielgenau in die Ferne? Der Eros der Tiere, so Freud, äußert sich im Rhythmus der Fettaufnahme und Fettabgabe, der Navigationsleistung und der enormen Dauer ihrer Wandertradition.**

Ihre Tugend heiße *Dauerhaftigkeit*. Es gehe um die Treue zu einem Ort, nicht zu einem Subjekt. Nicht durch »Wahl«, sondern durch Instinkt fänden die Tiere seit Jahrtausenden den vorbestimmten Platz auf dem Blauen Planeten, von dem aus die Nachkommen zu den Flüssen Europas zurückschwärmten.

Ms. Jonasson war erstaunt über eine Notiz Freuds, welche die Treue der Aale mit der menschlichen Moralität verglich. Es sei kaum anzunehmen, schrieb Freud, dass die Eigenschaften der Aale durch »Präsexuellen Schock« oder »Präsexuelle Lust« (die sich in Schuld verwandelt) begründet sei, vielmehr handele es sich um *naturwüchsige Moralität aus einem Stück*. In einem halben Jahr würde Ms. Jonasson ihren PhD abgeschlossen haben und danach

** Die Zugzeit beginnt jährlich bei schlechtem Wetter (das heißt, es muss stürmen und regnen) in den ersten Novembertagen. Durch feuchtes Gras kürzen die Tiere ihren Weg aus den Bächen zu den nächstgrößeren Flüssen ab. Energiesparend treiben sie, s-förmig gebogen, im Mittelwasser der großen Ströme. Bei erster Berührung mit dem Salzwasser werden sie erneut aktiv. Sogleich gehen sie in die Tiefe. Ihre Augen vergrößern sich. Die Farbe wechselt von Grünbraun zu Silbriggrau.

in San Francisco einen Gefährten suchen, dem sie ihr Leben anvertrauen könnte. So klar ihr Entschluss war, das Examen zu bestehen, so unklar waren ihr Wahl des Ortes und des passenden Individuums, das sie ja auch noch gar nicht kannte. Fast glaubte sie, dass es für den Fall einer die Menschheit überholenden *tierischen Evolution* wünschenswert sei, Eros und Intelligenz der Aale gegen die von uns Menschen zu tauschen.

Keine Freiheit für den Hirtenhund

Eine Frau mit großem Hirtenhund kommt zum Brotladen. Der Hund will, nach seiner Gewohnheit, auf der Grünfläche zwischen Trottoir und Straße seinen Kot niederlegen, während seine Herrin einkauft. Die Ladenbesitzerin des Brotladens, eine zuvorkommende Rumänin, interveniert. Das kann der Hund da nicht machen! Das sind seit gestern Beete. Man sieht auch, dass dort, wo früher Gras war, jetzt Blumen gepflanzt sind. Die Hundebesitzerin widerspricht. Wohin soll der Hund denn gehen? Irgendeinen Platz muss er haben.

Gestern erst, an einem Sonnabend, hatte eine Gruppe Freiwilliger, es waren Kinder und Heranwachsende, den verdreckten Grasstreifen umgegraben, ihn mit Muttererde aus Plastiksäcken belegt und auf diesem Boden Pflanzen gesetzt. Acht Stunden lang haben sie mit Schaufeln und Erdauflockerungszinken den Boden bearbeitet, freundlich Auskunft gegeben, was sie da tun. Ja, die Erde und die Pflanzen sind vom Gartenbauamt der Stadt gratis zur Verfügung gestellt worden. Ohne Lohn arbeiten auch sie, die Bodenbearbeiter. Sie helfen einander, belehren sich gegenseitig über die permanente Verbesserung der Arbeitsmethode.

Das Besondere der Initiative liegt darin, dass die Bodenroder sich mit den acht Ladenbesitzern in dieser Straße abgesprochen haben. Die Läden übernehmen in der kommenden Zeit die Aufsicht über diese »Gärten«, wenn die Gärtnertruppe selbst längst woanders tätig sein wird. So ist hier spontan eine kommunale Struktur entstanden, die für den Hirtenhund fatal bleibt. Die Besitzerin des Hundes ist in keiner Weise einverstanden. Sie kann aber den Hund auch nicht einfach auf die frisch gesetzten, sozusagen noch jugendlichen Blumen loslassen. Sie würde es sich auf Dauer mit der Brotladenchefin verderben. So knufft sie den Hund, der einen Moment in den Laden hineindarf (was sonst verboten ist). Sie müssen in Zukunft, sagt die Rumänin, eine Leine mitbringen und den Hund draußen festbinden. Wir bringen vor der Tür einen Ring an. Die agile Person ist es gewohnt, eine ganze Gruppe einsamer Leute vor ihrem Laden täglich bei einer Tasse Kaffee zum Zusammensein zu animieren. Das ist jetzt möglich mit Blick auf eine öffentliche Blumenanlage.

Geselligkeit transgener Mäuse

Am Tag unseres Besuchs an der Rockefeller University in New York schritten die Mäuse, elegante Prärietiere und links davon die Bergwühlmäuse, nur stockend und stolpernd vorwärts. In getrennten Käfigen. Es war die Woche, in der deformatorische gentechnische Versuche am Kleinhirn der Tiere vorgenommen wurden. Wieviel davon darf ausfallen? Was funktioniert noch nach dem Eingriff? Durch uns, die Sponsoren, sollte beurteilt werden, ob eine Publikation dieser Forschung werbewirksam wäre. Der Auftritt der Mäuse schien uns vollkommen ungeeignet.

Der Chef der Professorengruppe sagte:

– Bei Mäusen, denen eine molekulare Antenne für Östrogen fehlt, sehen Sie nach unserem Eingriff auf den ersten Blick überhaupt nichts. Erst ihr Paarverhalten erweist sich als tiefgehend gestört.

– Gleich, wieviel Östrogen Sie hineinspritzen?
– Völlig gleich.
– Sie verhalten sich wie Laien? Als hätten sie nie von Sexualität gehört? Als wäre es Sport?
– Nicht wie Sport. Eher wie bei einer defekten Telefonleitung.
– Durch die man nichts hört?
– Ja. Die Tiere sind aufgereizt, blindlings und uninformiert.
– Erregt?
– Ja, in einer monströsen Weise.

In einer der folgenden Wochen kamen wir wieder. Der Vorstand wünschte eine Förderung der Universität und der angegliederten Forschungsunternehmen um jeden Preis.

Diesmal Vasopressin. Ein nicht den Geschlechtsdrüsen entstammendes Hormon, ein Produkt der Nervenzellen. Die Mäuse in allen Käfigen und im Laufgelände torkelten nicht, hockten in Gruppen zusammen, übten Starts.

– Normalerweise hält Vasopressin die Nieren zu sparsamem Wasserverbrauch an. Wir haben entdeckt, dass es auch gesellig macht.
– Ein soziales Hormon? Sie haben die Erbanlage für »Geselligkeit« gefunden?
– Bei einer monogamen Art amerikanischer Wühlmäuse!
– Die Verbundenheit von Paaren verstärkt sich?

Kennen Sie die besondere Verbundenheit von Männern in Pissoirs?, warf ich ein. Hohe Juristen treffen, harngeleitet, unter Nierendruck, intime Absprachen über ihre Urteile an rosa Becken? Das ist nicht Vasopressin, antwortete der Leiter des Versuchsprojekts. Es ist aber Niere plus Geselligkeit, beharrte ich, und wenn ich Sie recht verstanden habe, geht es doch darum.

– Wir untersuchen bis dato nur Präriewühlmäuse. Sie produzieren keineswegs mehr Vasopressin als die Bergwühlmäuse in ihren kleinen Körpern. Der Unterschied liegt in den Antennen. Die Bergwühlmäuse reagieren nicht mit Gemeinschaftssinn. Ihnen fehlt die Antenne für Vasopressin.
– Sie sprechen von molekularen Antennen? Wie in der vorigen Woche?
– Die molekularen Antennen für Vasopressin sind in den Gehirnen der zwei Arten völlig verschieden verteilt. Wir haben Bergwühlmäuse mit dem Gen der Präriewühlmäuse ausgestattet, und das Verhalten änderte sich.
– Das Gen für die Antenne im Hirn?

– Behandelt man ein transgenes Tier mit dem Hormon, reagiert es gesellig, obwohl es eine Bergmaus ist.
– Unabhängig von der Umwelt?
– Ganz unabhängig. Und wenn wir das Hormon sechsmal verstärken, so gesellen sie sich sechsmal so stark. Wie abgerichtet.
– Ein Nervenhormon?
– Es entsteht im Gehirn und in der Lymphe. Die Bergmäuse werden kontaktfreudig. Biologen wollten es einfach nicht glauben.
– Bei einer Bergwühlmaus ohne solch eine transgene Antenne kann man mit einer Extraration Vasopressin nichts erreichen?
– Überhaupt nichts.*

Wir gruppierten die Förderungsmaßnahmen unseres Konzerns so um, dass in diesem Forschungskomplex »Geselligkeit, soziales Verhalten, Paarbildung« berücksichtigt werden konnten. Vorstand und Öffentlichkeitsarbeit waren begeistert. Schließlich sind wir Männer der Werbung. Was erst, wenn es möglich wäre, eine Käufereigenschaft durch transgene Rezepturen zu verbessern? Ein weiter Weg vom Hans im Glück zum modernen transgen ausstaffierten Käufer von 2032!

* Neurotransmitter funktionieren lokal. Hormone durcheilen jeden Winkel des Körpers; welche Wirkung sie entfalten, hängt von den Empfangsantennen ab.

Kulturgeschichte der Mausefalle

Wolfhard Klein über den achttausendjährigen Krieg der Menschen gegen die Mäuse

Alexander Kluge: Seit 8000 Jahren gibt es Getreide und Getreidespeicher. Bald darauf kommt es zu einer Symbiose zwischen den Mäusen und den Menschen.

Wolfhard Klein: Als die Menschen angefangen haben, Vorräte anzulegen, waren die Mäuse da und haben sich an diesen Vorräten bedient.

Kluge: Sie sind Kulturfolger. Die Menschen versuchen, die Mäuseplage zu bekämpfen. Aber es gelingt ihnen nie.

Klein: Es gibt keinen Sieger. Es gibt Möglichkeiten, Mäuse zu vertreiben oder sie zu fangen. Vollständig vertreiben kann man sie nicht. Mäuse sind kluge Tiere. Sie weichen aus, sie passen sich an die Nahrungsgewohnheiten an. Man nimmt sie nicht wahr in Städten oder in den Grünanlagen. Sie verbergen sich hervorragend. Da finden sie Futter, zum Beispiel Pommes oder Hamburger. Was wir wegwerfen, dient ihnen als Nahrung. Im Moment bemerkt man auf kleinen Feldwegen viele Mäuselöcher mit Mäuseautobahnen, welche die Tiere mit ihren kleinen Füßen und Bäuchen in den Rasen gegraben haben.

Kluge: Eine moderne Maus kann man mit Speck nicht fangen. »Mit Speck fängt man Mäuse« ist ein atavistisches Wort. Man braucht Nutella.

Klein: Man braucht einen angemessenen Geschmack. Mäuse mögen Schokolade. Ein englischer Hersteller, die Firma Sorex, hat eine Kunststoffmausefalle entworfen mit Schokoladengeschmack. Das lockt die Mäuse an. Minzschokolade, alles, was pikant schmeckt, mögen Mäuse. Speck funktioniert übrigens nur, wenn er angebraten ist.

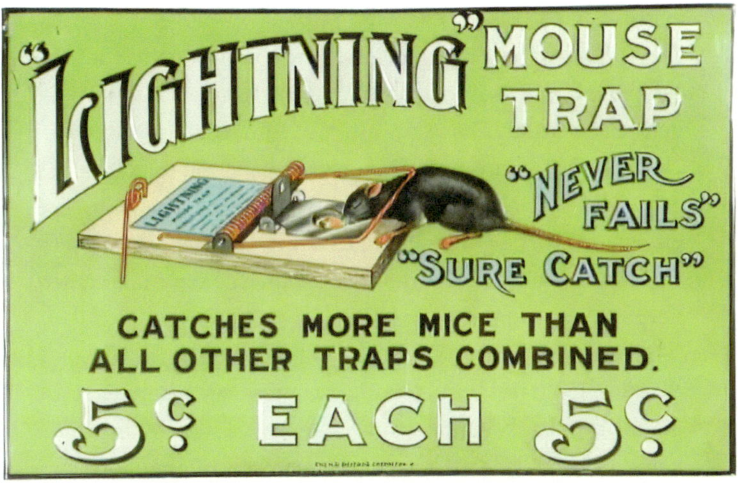

Abb. 46

Kluge: Beschreiben Sie mir bitte eine Maus.

Klein: Eine Hausmaus ist relativ klein, grau, mit einem langen Schwanz, großen Ohren, großen Augen, einer spitzen Nase und kleinen Beinen. Die meisten Menschen kennen Mäuse aus persönlichem Erleben. Viele Wohnungen sind immer noch nicht mausfrei.

Kluge: Maus ist ein Zärtlichkeitswort.

Klein: Die Maus ist ein Lieblingsobjekt, auch von Kindern. Jede Menge Kinderbücher wimmeln von Mäusen. Micky Maus ist ein Sympathieträger.

Kluge: Sie haben einen Prospekt entdeckt von einer Eisenwarenhandlung aus dem 19. Jahrhundert.

Klein: Ich habe systematisch recherchiert und mir überlegt, wie Mausefallen vertrieben wurden. Das geschah über den Eisenwarenhandel. Das ist teilweise noch heute so. Der Eisenwarenhandel hat Ende des 19. Jahrhunderts Verbände gegründet. In Mainz ist der Verband Südwestdeutscher Eisenwarenhändler (später Deutsche Eisenwarenhändler) gegründet worden; ich habe im Stadtarchiv alle Zeitschriften dieses Verbandes durchgeblättert und bin fündig geworden. Ich kenne das Advertising seit 1897, das für Mausefallen gemacht wurde. Das war wiederum ein Ansatz zur Recherche bei Herstellern, die ich versucht habe aufzutreiben. Es gab einen zweiten Rechercheansatz, bei dem es um Patente ging. Wie wurden die Fallen gemacht? Welche gab es? Was waren das für soziale Verhältnisse, unter denen Mausefallen hergestellt wurden?

Kluge: Wie kamen Sie auf das Thema?

Klein: Ich hatte Besuch von einem Freund, der Redakteur beim Brockhaus-Verlag war und der sagte, dass Mausefallen kein Schlagwort haben im Lexikon. Dann habe ich nachgesehen im Brockhaus, im Meyer und im Herder. Nirgends war Anfang der achtziger Jahre die Mausefalle verzeichnet. Ich kannte aber aus Filmen, aus Büchern, von Wilhelm Busch zum Beispiel, unterschiedliche Typen von Mausefallen und habe angefangen, mir alte Lexika zu erschließen. Da stand viel über Mausefallen. Ich habe auch die Lexikonverlage angeschrieben und gefragt: Warum haben Sie kein Schlagwort zum Thema Mausefallen? Die Antwort war sogar einmal: Mausefallen sind nicht lexikonwürdig.

Kluge: Es gibt eine Schussfalle. Was ist das?

Klein: Das sind Schussapparate mit Patronen, neun Millimeter. Da geht es um Wühlmäuse. Die Fallen werden in die Gänge geschoben. Da gibt es einen Ring, der gespannt ist. Daran hängt der Hahn. Wenn die Maus gegen diesen Ring stößt, löst das den Schuss aus. Das ist eine Selbstschussanlage für Mäuse. Von den Tieren bleibt nicht mehr viel übrig.

Kluge: Es gibt noch eine seltsame Vorrichtung, eine Mausefalle, die als Guillotine funktioniert. Dafür ist viel destruktive Fantasie nötig.

Klein: Fast alles, was es zum Töten von Menschen gibt, gibt es auch für Mäuse. Die Guillotine für den Menschen war früher da. Aber es gibt die Klotzfalle, die aussieht wie eine Guillotine. Die läuft an zwei Stäben. In der Regel gibt es Fallen mit mehreren Klötzen. Die Maus wird erschlagen, wenn der Auslöser berührt wird. Es gibt ebenfalls eine Falle, bei der die Maus den Kopf verliert. Wenn sie in eine Höhle reingeht und an einem Köder zieht, löst das einen Haken aus. Ein Messer schlägt ihr den Kopf ab oder bricht ihr das Genick. Es gibt auch Reusenfallen; das sind in der Regel Halbkugeln, wie kleine Körbchen, mit ein oder zwei Reusen, durch welche die Mäuse sich zwängen können, aber dann nicht mehr herauskommen. Mäuse werden damit lebend gefangen.

Kluge: Was ist der Zweck davon?

Klein: Eine dieser Reusenfallen trug den Namen Marinefalle. Die hatte oben einen Griff, man konnte die Falle ins Wasser tauchen und die Mäuse wurden ersäuft.

Kluge: Gibt es perfekte Mausefallen?

Klein: Eine würde ich als beinah perfekte Falle bezeichnen. Die wird allerdings nicht mehr hergestellt aus Tierschutzgründen. Eine Maus geht in ein Gehäuse über eine Wippe. Wenn sie auf die Wippe tritt, fällt ein Türchen zu. Dann kann sie nicht anders, als einen Steiggang hinaufzugehen. Sie gelangt auf eine Ebene, tritt wieder auf eine Wippe und fällt in einen Wasserbehälter.

Kluge: Ist es heute noch üblich, dass Mausefallen in großem Umfang produziert werden?

Klein: Der Bedarf an Mausefallen in Europa wurde vor zwei oder drei Jahren mit 40 bis 60 Millionen Stück errechnet. Mausefallen werden in großen Serien hergestellt. Es gab über 100 Unternehmen im deutschen Sprachraum. Mittlerweile gibt es noch elf Firmen, die Mausefallen herstellen. Einige davon sind Großbetriebe. Ein Schweizer Unternehmen, das stark am Markt vertreten ist, lässt aber überwiegend in Asien produzieren.

Kluge: In der DDR hat es auch die Fabrikation von Mausefallen für den Westen gegeben.

Klein: »Jaguar« und »Schnapp« heißen zwei Fallen – sogar die Bezeichnungen waren nur als Exportname üblich. Ich habe Schwierigkeiten gehabt bei der Recherche zur Mausefallenproduktion in der DDR. Letztlich haben mir Kataloge geholfen von der Leipziger Messe. Da bin ich auf Hersteller gestoßen, habe Kontakt aufgenommen und sogar noch eine Falle entdeckt. Da gibt es einen Nachkommen, Vayko Weyh. Die Falle heißt Mohr, es ist eine 90-Grad-Schlagbügelfalle. Die war 1954 in der Bundesrepublik und in der DDR patentiert worden. Das ist ziemlich selten gewesen. Vayko Weyh baut diese Fallen heute manchmal nach.

Kluge: Wenn der Pharao seine Vorratshäuser verteidigt, muss er mit den Angriffen der Mäuse rechnen. Die Tiere sind klug genug, so etwas zu finden.

Klein: Mäuse haben einen guten Instinkt für Futter. Sie sind schnell dort, wo es etwas zu fressen gibt. Deshalb waren die Kornspeicher in der Regel verschlossen. Sie waren hoch gebaut, hatten unten keine Zugänge. Man kennt das heute noch in Asturien. Die Speicherhäuser sind auf Säulen gebaut, haben Steinkränze. Auch die Treppen gehen nicht an das Gebäude, sondern sind neben dem Gebäude gebaut, damit keine Mäuse hochkommen und die Vorräte auffressen können. Mit zu den ältesten Fallen, die gefunden worden sind, gehören Exemplare aus Mesopotamien, aus Syrien, auch Ägypten. Das sind Tonfallen oder Schwerkraftfallen, bei denen die Maus, wenn sie an einem Haken zieht, eine Klappe auslöst, die runterfällt und die Falle verschließt. Diese Tonfallen werden heute noch in Tunesien, auf der Insel Djerba, in ähnlicher Form gebaut. Es gab aber auch unterschiedlichste Tonfallen in Deutschland mit einem Schwerpunkt in Bayern.

Kluge: Gibt es heilige Mäuse?

Klein: Es gibt in der Bibel im Buch Samuel die fünf goldenen Mäuse, die den Israeliten zurückgegeben werden mussten mit der geraubten Bundeslade. Es gibt auch einen Mäusegott, Apollo Smintheus. Mäuse waren Gegenstand von Verehrung in unterschiedlichster Form.

Kluge: Es gibt die Suncus etruscus, die Etruskerspitzmaus. Das ist eine Zwergmaus in Rom. Dort gibt es als Speise geröstete Mäuse mit Mohn und Honig.

Klein: Die wurden geröstet, in Honig und in Mohn getaucht, behaupten die historischen Quellen. Wahrscheinlich waren es Haselmäuse, welche die Römer gegessen haben. Haselmäuse zählen biologisch nicht zu den Mäusen, sondern zu den Bilchen. Die wurden tatsächlich gegessen, auch gezüchtet und gemästet mit Eicheln. Die Römer haben damals nicht zwischen Haselmäusen, Bilchen und Mäusen unterschieden.

Kluge: In Notzeiten gab es in unseren mitteleuropäischen Breiten keine Nachricht davon, dass Mäuse gegessen wurden.

Klein: Mäuse wurden als Medizin benutzt, Mäuseherzen zum Beispiel als Liebesmittel verwendet. Es gibt Berichte, dass bei Mäuseplagen in China Mäuse gegessen worden sein sollen. Möglich wäre es in eiweißarmen Gegenden.

Kluge: Wie vermehren sich Mäuse? Es gibt in der Menschenfantasie, die sich gegen Mäuse wendet, die Furcht, dass sie sich unendlich vermehren könnten.

Klein: Mäuse sind tatsächlich fruchtbar. Sie haben zwischen fünf und acht Junge mehrfach im Jahr. In der Regel bilden sie Rudel. Es sind größere Verbände, die dort zusammenleben, keine Paare. Weil die Jungen schon nach wenigen Wochen wieder fruchtbar sind, bedeutet das, dass sie sich in enormen Zahlen und in enormer Geschwindigkeit vermehren können.

Kluge: Es gibt bei Plinius, einem römischen Historiker, den Bericht, dass schon die Embryonen wieder schwanger werden.

Klein: Das ist Unfug, denn die müssen erst geschlechtsreif werden.

Kluge: Die Mäuse sind nachtaktiv. Wie kommt das?

Klein: Mäuse versuchen alles, um nicht gesehen zu werden. Von daher ist die Dunkelheit der Zeitpunkt, zu dem sie sich am liebsten bewegen. Sie gehen auch lieber in dunkle als in helle Ecken. Wo steht eine Falle am günstigsten? Das waren die Fallen, die etwas abseits vom Licht standen. Es gibt Fallen, die wie Röhren sind. Wenn am Ende Licht zu sehen war, war das für die Mäuse attraktiv. Sie sind hineingelaufen.

Kluge: Wie kommt es, dass die Tiere gut sehen können im Dunkeln?

Klein: Alle Lebewesen passen sich an ihre Umwelt, an ihr Umfeld an, über Jahrhunderte, über Jahrtausende. Und die Mäuse haben diese Fähigkeit erworben; sie haben auch Schnurrhaare, mit denen sie sich orientieren können. Sie riechen, sie haben Tastsinn, und am Rücken haben sie Sensorien.

Kluge: Sie äußern sich, aber in Ultraschall. Sie singen und bilden Chöre, die nur wir nicht hören.

Klein: Mäuse können sich verständigen in Frequenzen, die an uns vorbeigehen. Selten hören wir Mäuse. Das ist ein hohes Fiepen.

Kluge: Die Geruchsnoten der weiblichen Mäuse setzen die männlichen Tiere in Bewegung, aber nicht umgekehrt.

Klein: Wo Weibchen Duftstoffe hinterlassen, zieht es die Männer an. Es gab den Irrglauben, dass man die Fallen reinigen muss, wenn eine Maus gefangen wurde. Aber je mehr Mäuse in die Falle gegangen sind, umso fängiger sind Mausefallen. Die Tiere sondern Schweiß ab. Da sind Hormone enthalten, die die nächste Maus anlocken.

Kluge: Mäuse sind gesellige Tiere. Gibt es Mäuserepubliken?

Klein: Man spricht von Rattenkönigen. Das sind aber eher Ratten in Nestern, die mit den Schwänzen zusammenhängen. Mäusekönige sind mir nicht bekannt. Es gibt aber Mäuse, die zusammen auftreten und auch jagen. Aber das ist selten.

Kluge: Im Labor werden die Tiere einzeln untersucht. Sie dienen der Menschheit unfreiwillig als Untersuchungsobjekte, werden aber in ihrem Gruppenverhalten wenig untersucht.

Klein: Es gab einen Mausefallenerfinder, der unterschiedliche Mäusestämme untersucht hat, um eine Falle im Auftrag der Bundeswehr für Lebensmittellager zu entwickeln. Es ging um einen Massenfänger. Der Forscher hat unterschiedliches Mäuseverhalten analysiert, an aggressiven und an weniger aggressiven Stämmen. Das Mäuseverhalten unterscheidet sich, je nachdem, wo sie herkommen und wie die Umwelt ist. Er hat eine elektrische Falle entwickelt, die mit Starkstrom getötet hat. Diese Falle war gut, nur zu teuer und zu groß. Sie wurde kein Massenprodukt.

Kluge: In der Evolution sind die Mäuse relativ jung, also 30 Millionen Jahre. Bienen sind älter. Die Mäuse sind ein junger Stamm, der noch in der Entwicklung begriffen ist.

Klein: Da wäre noch einiges möglich. Die Überlebensfähigkeit von Mäusen unter diesen Bedingungen zeigt, wie weit sie schon entwickelt sind. Mäuse sind ausgesprochen anpassungsfähig, auch was Kälte und Hitze angeht. Unter allen Bedingungen findet man Mäuse, vorausgesetzt, sie haben etwas zu trinken und sie finden Nahrung. Es gibt eine Untersuchung am Beispiel von Kirchenmäusen. Die ernähren sich, was die Flüssigkeit angeht, vom Fensterkitt. Da ist genügend Flüssigkeit enthalten; die feste Substanz wird wieder ausgeschieden. Ansonsten fressen sie Staub. Der besteht zu 20 Prozent aus Kleidungsabrieb und zu 80 Prozent aus Hautschuppen. So gesehen sind Mäuse Menschenfresser.

Kluge: Sie können auch Wände senkrecht hochlaufen.

Klein: Ja, das geschieht ohne große Schwierigkeiten an rau verputzten Wänden oder Balken. Sie können auch an Drähten hangeln.

Kluge: Mäuse sind nicht disziplinierbar.

Klein: Nein. Sie sind auch keine angenehmen Hausgäste. Wo sie auftreten, hinterlassen sie Kot. Das sind Krankheitsfaktoren. Mäuse sollte man vertreiben.

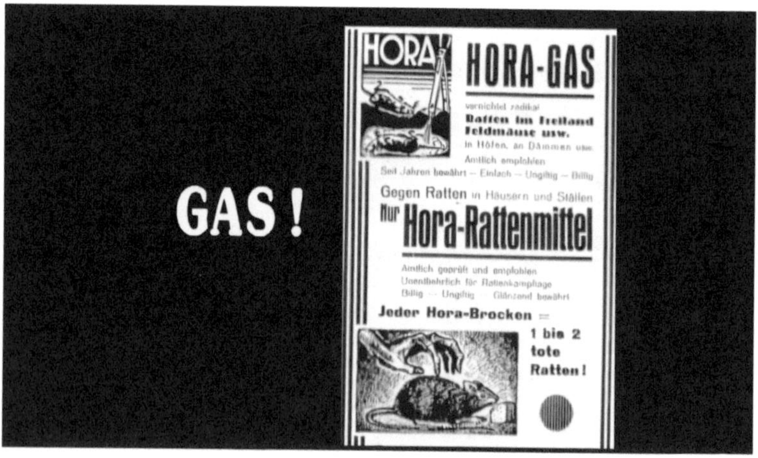

Abb. 47

7

Wie orientieren sich Vögel? / Fledermäuse »sehen« mit den Ohren / Algorithmen der Evolution

Ein Gespräch mit dem Zoologen und Verhaltensforscher Wolfgang Wiltschko über den einzigartigen Orientierungssinn von Vögeln

Alexander Kluge: Wie orientieren sich Vögel?

Wolfgang Wiltschko: Vögel ziehen nachts über Tausende von Kilometern hinweg und müssen allein ihren Weg finden. Die großen Arten, die Kraniche, die Gänse und die Enten ziehen auffällig in Schwärmen am Tag, aber die Masse der kleinen Singvögel zieht nachts und allein. Wie wird die Energie bereitgestellt für solch einen langen Flug? Ein Fitislaubsänger wiegt sieben oder acht Gramm. Wenn er in Nordskandinavien brütet und in Südafrika überwintert, fliegt er eine Strecke von 10.000 oder 15.000 Kilometern und die auch wieder zurück.

Kluge: Kann er etwas fressen in der Zeit?

Wiltschko: Natürlich. Im Herbst werden die Nächte länger, die Tage kürzer und die Zeit, in der er das Fressen aufnehmen kann, nimmt ab, auch die Umgebungstemperatur.

Kluge: Die Anstrengung nimmt zu.

Wiltschko: Er bewegt sich aus seinem bekannten Territorium heraus. Er muss mehr Zeit aufbringen, um nach Nahrung zu suchen. Das ist wahrscheinlich der Grund, warum die Vögel diese Aktivität auf nachts verschieben. Die länger werdenden Nächte geben ihnen Zeit, zu ziehen. Der Rest wird geschlafen, und der Tag steht für die Nahrungsaufnahme zur Verfügung. Jetzt können sie Depots anlegen für ihre Nahrung. Das normale Depot ist Nahrungsmittelfett; denn aus einem Gramm Fett bekommt man fast doppelt so viel Energie wie aus einem Gramm Eiweiß oder Kohlenhydrate. So ein Vogel verdoppelt innerhalb von wenigen Tagen sein Körpergewicht. Dann zieht er nach Afrika, da ist er wieder schlank. Aber wenn ich ihn in meinem Käfig halte, hüpft er auch nachts herum, frisst mehr und wird ebenfalls fett. Aber schließlich ist diese Zugunruhe vorbei und er wird wieder schlank. Er muss nicht nach Afrika fliegen.

Kluge: Ist das hormonell gesteuert?

Wiltschko: Teilweise, es hängt auch an seinem inneren Jahreskalender, der so ähnlich funktioniert wie unsere Tagesuhr, die wir besonders beim Reisen erfahren, wenn wir die Kontinente wechseln auf der Ost-West-Achse, nachts zum falschen Zeitpunkt aufwachen und auf die Toilette gehen wollen. Im Jahreskalender eines Vogels sind die Hauptereignisse eingebunden: Jetzt musst du ziehen, jetzt musst du brüten, jetzt musst du mausern. Die Vögel können diese Dinge voneinander trennen. Es ist selten so, dass ein Vogel gleichzeitig mausert und zieht. Wie überall gibt es in der Natur Ausnahmen. Da findet sich eine berühmte Gans in Sibirien. Die Tiere mausern die Flügel, können nicht fliegen, fangen aber schon an zu watscheln und gehen anfangs ein paar Hundert Kilometer zu Fuß. Das ist eine der wenigen Ausnahmen, wo etwas synchron geschieht. Der Fitislaubsänger, der in Norwegen brütet und nach Südafrika zieht, kommt im nächsten Jahr zurück und wird mit Sicherheit in einem Umkreis von zehn Metern um den Platz brüten, an dem er letztes Jahr auch gebrütet hat. Wenn er so alt wird, dass er das nächste Jahr wieder nach Afrika zieht, wird er ebenfalls dort an dem Platz überwintern, an dem er das im Jahr vorher schon erfolgreich getan hat. Das stellt gewaltige Anforderungen an die Sinnesphysiologie.

Kluge: Bei diesem Orientierungsproblem gehen Sie davon aus, dass es eine Relation gibt zwischen dem Kompassmechanismus, der Heimorientierung, der Navigation und dem Magnetismus der Erde.

Wiltschko: Man hat lange Zeit angenommen, dass Zugvögel mit einem Kompassmechanismus zum Winterquartier kommen. Mit einem Kompass kann man eine geografische

Richtung konstant einhalten. Wenn man immer nach Süden fliegt, kommt man nach Afrika. Wenn der Vogel auf dem Rückweg nur nordwärts fliegt und zu unserem Botanischen Garten in Frankfurt will, kommt er dort nicht an. Dazu braucht er mehr. Da kommt er vielleicht nach Mitteleuropa, aber auf zehn Meter genau in den Botanischen Garten zu gelangen, geht mit dem Kompass allein nicht. Da brauchen die Tiere so etwas wie eine Landkarte. Diese Karte benötigen die Vögel aber nicht nur beim Ziehen. Die brauchen sie ständig. Wenn sie ein Heim, ein Nest haben, müssen sie die Landschaft um das Nest in ihrem Gehirn abbilden. Da liegt es nahe, dass der Vogel diese Landmarken räumlich miteinander zu einem Gesamtbild verknüpft. Dazu ist wieder ein Kompass gut. Wir studieren das besser an Brieftauben als an Zugvögeln, weil man diese zu einem Abflugort bringen kann. Sie fliegen wieder zu ihrem Schlag zurück. Die Brieftauben müssen flexibel sein. Der Zugvogel kann jeden Tag dieselbe Kompassrichtung nehmen. Aber die Tauben müssen sie von Tag zu Tag ändern.

Kluge: Sind die Brieftauben Zuchtprodukte oder liegt das Verhalten in der Natur dieser Tiere?

Wiltschko: Das liegt wohl in der Natur dieser Tauben, die von Felsentauben abstammen. Die brüten im Mittelmeerraum an Felsen an der Küste. Man findet sie den Atlantik hoch bis Schottland. Aber unsere Brieftaube ist bereits von den alten Ägyptern domestiziert worden, die sie als Nachrichtenübermittler eingesetzt haben. So eine Taube sitzt in diesen Felsnischen, in denen sie brütet, und ihr natürlicher Feind ist der Wanderfalke, der nebenan in denselben Felsnischen sitzt. Der Wanderfalke kann seiner Beute nur habhaft werden, wenn die Taube die Felsnische verlässt, wenn sie also rausfliegt, um Futter zu suchen und Wasser zu trinken. Das muss sie von Zeit zu Zeit tun. In diesem Moment kann der Wanderfalke zuschlagen. Wenn aber die

Taube gefressen und getrunken hat und sie wieder sicher in ihrer Nische sitzt, hat der Wanderfalke keine Chance. Das ist wahrscheinlich der Grund, warum Tauben auch heute noch so gern in ihrem Schlag sitzen. Eine junge Taube in unserem Schlag wird geboren, wächst auf, wird flugfähig, verlässt den Schlag, schaut sich um und fängt an zu fliegen. Sie hat einen angeborenen Kompass und ihre eigene Landkarte entsteht. So orientierte sie sich in der Antike und heute zwischen den Wolkenkratzern New Yorks.

Kluge: Das ist ihre Entsprechung von der antiken Landschaft, den Felsklippen, an denen Odysseus seitlich vorbeifährt, mit den Falken.

Wiltschko: In der Sinneswelt der Tauben spielt nicht nur der optische Sinn eine große Rolle, sondern die Wahrnehmung ist insgesamt ausgeprägter. Die Vögel sehen beispielsweise bis ins Ultraviolett hinein. Sie haben vier Farbrezeptoren und sehen die Welt viel bunter als wir. Dann können sie Infraschall wahrnehmen. Normalerweise hören wir Schall zwischen 16 und 24 Hertz bis hin zu einigen Kilohertz. Die Tauben haben bei Schallereignissen eine starke Empfindlichkeitssteigerung zwischen einem halben Hertz und zwei Hertz, sodass eine Taube in Frankfurt wahrscheinlich die Brandung in der Normandie hört. Sie kann das zur Richtungspeilung verwenden. Dann können Tauben das Magnetfeld wahrnehmen. Das habe ich vor dreißig Jahren an Rotkehlchen erstmalig entdeckt. Der berühmte Vogelkompass ist auch ein Magnetkompass, obwohl andere Möglichkeiten ebenfalls existieren. An den Polen der Erde ist das Magnetfeld am stärksten und am magnetischen Äquator der Erde ist es am schwächsten, sodass wir einen Gradienten der Felder haben. Der Ausdruck Gradient bezieht sich darauf, dass das Magnetfeld ununterbrochen stärker oder schwächer wird, je nachdem, ob wir uns nordwärts oder südwärts bewegen. Wenn eine Taube nach Norden fliegt, wird sie feststellen, dass ihr Magnetfeld immer stärker wird; wenn sie nach Süden fliegt, wird es schwächer. Jetzt nehme ich diese Taube und bringe sie viel weiter nach Süden, als sie jemals in ihrem Leben war. Dann stellt die Taube fest: Das Magnetfeld ist viel niedriger als ich es je erfahren habe. Aber immer, wenn ich nach Süden geflogen bin, ist das Magnetfeld schwächer geworden. Also muss meine Heimat im Norden sein. Dann fliegt sie nordwärts. Es ist nicht nur das optische Bild, das um den Schlag herum von der Taube aufgebaut wird, sondern sie nimmt auch das Magnetfeld wahr und damit die Brandungen in der Normandie oder Bretagne.

Kluge: Macht sie das mit den Ohren, mit den Augen oder mit der Nase?

Wiltschko: Den Infraschall hört sie mit dem Ohr, den Magnetkompass mit großer Wahrscheinlichkeit mit dem Auge und die unterschiedliche Magnetfeldintensität mit dem Schnabel. Wir können die Rotkehlchen untersuchen, indem wir sie während der Zugzeit fangen, in einen Käfig setzen, eingewöhnen und dann in einem Orientierungskäfig auf ihre Richtungsbevorzugung testen. Ich fange in Frankfurt einen Vogel, der in Stockholm startete und nach Tanger will. Dann setze ich ihn in einen Rundkäfig von wenigen Zentimetern. Er bevorzugt in dem Käfig die Seite, die Richtung Tanger weist. Der Zuginstinkt ist groß, die Tiere hüpfen in solchen Käfigen in diese Richtung, was sich vielfältig aufzeichnen lässt: Man kann wärme- oder druckempfindliche Schalter einbauen. Man kann dem Vogel auch ein Stempelkissen unten hinstellen und weißes Vliespapier in den Käfig legen. Dann hinterlässt er Spuren auf dem Papier. Wenn man den Vogel in einem Käfig hat, der einen halben Meter oder 35 Zentimeter groß ist, kann man mit Spulen das Magnetfeld drehen, sodass sich das Magnetfeld innerhalb des Käfigs ändert. Da dreht der Vogel sich entsprechend mit. Damit kann ich nachweisen, dass er sich nach dem Magnetfeld richtet.

Kluge: Die Messwerte sind im Bereich von Nanotesla.

Wiltschko: Unter welchen Bedingungen erbringt der Vogel die Leistung noch? Wir haben mit Onur Güntürkün aus Bochum zusammengearbeitet. Das ist ein Psychologe, der festgestellt hat, dass das Gehirn der Vögel zweigeteilt ist. Bei uns wird der optische Eingang von rechts vor allem in der linken Gehirnhälfte verarbeitet und der von links in der rechten Gehirnhälfte. Wir besitzen vorne einen Schalter, der sofort Informationen von der einen Hälfte in die andere transportiert. Dieses Corpus callosum haben Vögel nicht, sie sind von Natur aus zweihirnig. Onur Güntürkün und seine Kollegen haben festgestellt, dass viele Verhaltensweisen von Vögeln nur in einer Gehirnhälfte gesteuert werden, um die andere für andere Aufgaben freizuhalten.

Kluge: Hirnmäßig sind die Vögel zweisprachig.

Wiltschko: Wir haben Augenkläppchen gebaut und Piratenrotkehlchen erzeugt; wir haben den Tieren diese Augenkläppchen entweder auf das linke oder auf das rechte Auge gesetzt. Gerade Rotkehlchen sind kooperativ. Gartengrasmücken sind zickiger und nervöser bei derartigen Versuchen. Wir haben dasselbe Individuum mit linkem geschlossenen Auge und mit rechtem geschlossenen Auge getestet. Beim linken geschlossenen Auge war es so, als wäre nichts gewesen. Wenn ich das rechte Auge abdecke, ist die Orientierung weg.

Kluge: Wie ist es beim Schnabel?

Wiltschko: Aus anderen Versuchen, vor allem mit Brieftauben, wissen wir, dass Vögel diese Intensität des Magnetfelds wahrnehmen können. Ein Magnetfeld bei uns hat 50.000 Nanotesla. Wenn ich mich zehn Kilometer bewege, bin ich vielleicht 20 Nanotesla weggegangen. Aus den Verhaltensversuchen muss man schließen, dass ein Vogel 10 bis

50 Nanotesla bemerkt. Wie unterscheidet er das Vorhandensein oder Fehlen von 20 Nanotesla vor dem Hintergrund von 50.000 Nanotesla? Ein amerikanischer Kollege hat gefordert, dass wir einen anderen Rezeptor brauchen. Wenn ich jetzt zu Ihnen spreche, hören Sie meine Schallwellen. Da ist energetisch nichts enthalten. Aber es ist ein mechanischer Sinn. Wenn wir diesen Tisch hier ertasten, benutzen wir Mechanorezeptoren. Hier ist ein Vieltausendfaches an Druck vorhanden, viel mehr als der Druck von den Schallwellen, die auf die Basilarwellen Ihres Ohrs auftreffen. Das eine ist grob, das andere ist empfindlich und fein. In den achtziger Jahren kam das Magnetit auf. Man hat herausgefunden, dass Lebewesen selber Magnetit synthetisieren können. Magnetit ist ein dreiwertiges Eisenoxyd und besitzt magnetische Eigenschaften. Der Magnetitkristall einer bestimmten Größe wirkt wie ein kleiner Magnet und würde sich im Erdfeld, wenn man ihn frei aufhängt, in Nord-Süd-Richtung drehen. Daraufhin haben wir angefangen, das Magnetit zu suchen. Es gibt eine Reihe von Arbeiten bei Vögeln, wo es im Nasenraum, unterhalb der Augen, also im Schnabelbereich, gefunden wurde. Dieser Bereich wird von dem fünften Gehirnnerv angesteuert, vom Trigeminus, und zwar von dem Ast des Trigeminus, der ophthalmischer Nerv heißt. Eine Kollegin von mir aus dem Institut, die histologisch arbeitet, hat die Schnäbel aufgeschnitten. Sie hat Magnetit gefunden im Oberschnabel, nicht dort, wo die meisten Drucksinneszellen liegen, sondern etwas tiefer im Schnabel. Die physikalischen Eigenschaften von Magnetit sind unterschiedlich, je nachdem, wie groß die Kristalle sind.

Kluge: Können Sie mir die Evolution des Vogelschnabels erklären? Das ist ein eigenartiges Gebilde.

Wiltschko: Beim Vogelschnabel fällt auf, dass er keine Zähne hat. Beim Urvogel waren welche vorhanden. Zähne sind Hartgebilde, die schwer sind. Ein Vogel hat vom Skelett her einen Bau, der wie ein fester Kasten ausschaut, mit einem festen Brustbein, die Rippen sind auf dem Rücken. Beim Huhn sind viele Wirbel zusammengewachsen; sie sind mit Knochenplatten an das Becken herangewachsen, sodass ein fester Kasten entsteht, in dem die inneren Organe enthalten sind, damit beim Landen die Stoßempfindlichkeit nicht so hoch ist. Die Tiere haben ein zweites Kniegelenk. Das Knie, das Sie bei einer Amsel oder bei einer Taube sehen, ist nicht das Knie. Das eigentliche Knie ist oben in den Federn. Das erleichtert dem Vogel das Landen. Aus diesem festen Kasten muss mit einem langen, beweglichen Hals der Kopf herauskommen. Die Tiere können den Kopf permanent absolut waagerecht halten. Horizontsicht ist das Wesentlichste, was man braucht, würde ein Pilot sagen. Ich lasse mir häufiger in der Vorlesung eine Taube bringen. Dann kippe ich das Tier um 180 Grad und der Kopf bleibt absolut gerade. Bei einem leichten, beweglichen Kopf wären Zähne im Schnabel viel zu schwer. Der Vogel würde zu viel Kraft aufwenden, bräuchte eine große Nackenmuskulatur. Der Effekt dieser Leichtigkeit wäre verloren. Statt der Zähne gibt es empfindliche Kieferchen, welche die Nahrung prüfen. Wenn ich ein Metallstückchen anmale wie ein Maiskorn, nimmt die Taube es auf und lässt es sofort wieder fallen.

Kluge: Hat sie das gerochen?

Wiltschko: Sie fühlt es. Der Schnabel außen ist hart, aber dahinter liegen weiche Teile. Die sind gut innerviert und mit Sinnesorganen ausgestattet.

Kluge: Auf diese Weise wird die Navigation ermöglicht.

Wiltschko: Es ist nachgewiesen, dass Küstenseeschwalben aus dem Norden Kanadas entlang des amerikanischen Kontinents nach Süden fliegen, etwa auf der Hudson Bay die Richtung ändern, über Grönland fliegen, über Island nach Skandinavien kommen, die europäische Küste entlangziehen, etwa bei Kap Verde den afrikanischen Kontinent verlassen und nach Antarktika fliegen. Den Heimzug machen sie über Südamerika.

Kluge: Was ist der große evolutionäre Vorteil dieses Zuges, insbesondere der Überwinterung?

Wiltschko: Die letzte Eiszeit ist erst 10.000 oder 12.000 Jahre her. Das ist erdgeschichtlich wenig Zeit. Die Gegend von Frankfurt schaute damals so aus: Im Norden von uns war das skandinavische Eisschild, im Süden befand sich das alpine Eisschild. Hier hatten wir ein Klima, das wir jetzt auf Grönland haben. Von den heutigen Vogelarten lebte damals kein Insektenfresser. Da hatten wir vielleicht den Birkenzeisig und einige der Watvögel. Jetzt weichen die Eismassen zurück und geben die großen Landmassen frei. Nun können Vögel einwandern, die hier früher nicht leben konnten. Aber viele von denen können die Gebiete bei uns nur zeitweilig nutzen, nämlich den Frühling und den Sommer. Im Herbst und Winter sind die Insekten nicht da. Das sind vor allem die insektenfressenden Vögel. Die kommen, obwohl man davon ausgeht, dass die eigentlichen Zugvögel Fruchtfresser waren. Sie haben sich von Fruchtfressern zu Insektenfressern verwandelt. Häufig sind heute noch die Zugwege Abbilder der Ausbreitungswege. Der Steinschmätzer ist ein kleiner, brauner Vogel mit einem weißen Bürzel. Er brütet in den nordischen Gegenden, aber auch manchmal bei uns. Bei uns ist er ein seltener Vogel. Aber in Norwegen ist er in den Fjells einer der häufigsten Vögel. Diese Steinschmätzer kommen wohl aus dem arabischwestafrikanischen Raum und haben sich von Südosten über Europa ausgebreitet. Sie haben auch den Norden Spaniens erreicht. Die spanischen Steinschmätzer ziehen am Mittelmeer entlang bis nach Westafrika. Sie gehen nordwestwärts über die Pyrenäen nach Frankreich, dann nördlich um das Mittelmeer herum, um schließlich wieder entlang des Roten Meeres nach Kenia zu ziehen.

Kluge: Sind Adler kluge Vögel?

Wiltschko: Sowohl Eulen als auch Adler bzw. Greifvögel im Allgemeinen halte ich, verglichen mit der Plastizität, die man bei einem Star oder bei einem Rabenvogel findet, für weniger intelligent. Allerdings würde ich nie behaupten, dass es dumme Vögel sind.

Kluge: Die Wissenschaften orientieren sich an der Eule. Die eulenäugige Athene, heißt es bei Homer.

Wiltschko: Das liegt am Aussehen. Der dicke Kopf mit den großen Augen sieht klug aus. Athene noctua ist der Steinkauz. Der war in Griechenland häufig. Deswegen soll man ihn auch nicht nach Athen tragen.

Kluge: Welche Vogelarten sind die klügsten?

Wiltschko: Ausgesprochen lern- und anpassungsfähig sind die Rabenvögel, vor allem die Häher. Die Tannenhäher in den Alpen horten für den Winter einen Vorrat. Die verstecken bis zu 20.000 Zirbelnüsse in über Hundert Verstecken. Sie graben die Nüsse durch den Schnee aus und leben davon. Wenn die Ernte im Jahr vorher gut war, fangen sie schon im Februar an zu brüten, sodass sie noch die Jungen damit füttern können. Tannenhäher im Schwarzwald verstecken Haselnüsse. Im Frühjahr, wenn schon die Keimblättchen der Haselnuss durchkommen, schneidet der Häher die Nuss ab und lässt das Pflänzchen stehen, das weiterwächst. Der pflanzt sich seine eigenen Nahrungsbäume.

Kluge: Wie sieht die Vogelwelt in Neuseeland aus?

Wiltschko: Dort ist der Vogelzug interessant. Man verzeichnet zum Teil erhebliche Überwinterungszahlen von Watvögeln, von Pfuhlschnepfen und Knutts. Das sind Vögel mit langen Schnäbeln, rotbraun gefärbt. Sie halten sich an den Küsten auf und kommen nachweislich aus Sibirien, aus den Tundragebieten. Da gibt es den Schiefschnabel, das ist auch ein Watvogel, der den Schnabel nach der Seite gebogen hat.

Unsere fliegenden Verwandten in der Nacht

In den »heißen Höhlen« (hot caves) Kubas untersucht Prof. Dr. Kössl die Nervennetze und Gehirne junger Fledermäuse. Vor allem interessiert ihn die Periode gleich nach der Geburt und die Lernphase. Die Fledermäuse verfügen über ein einzigartiges Echolotsystem, mit dem sie sich in ihrer Umwelt als Meister der Navigation erweisen. Sie »sehen«, indem sie mit ihren hochausgebildeten Ohren hören. Ihre Hirne und Sinne stammen in der Evolution offenbar von den gleichen Vorfahren ab, von denen wir Menschen abstammen: den Spitzmäusen.

Abb. 48

Abb. 49

Abb. 50: Fledermaus in der Wiedergabe meiner virtuellen Kamera (KI)

Ein Gespräch mit dem Neurobiologen Prof. Dr. Manfred Kössl: Wie die Fledermäuse mit den Ohren »sehen«

Alexander Kluge: Wie weit reicht die Echoortung bei Fledermäusen?

Manfred Kössl: Die Reichweite ist gering. Das sind neun Meter, in Ausnahmefällen vielleicht auch 20 Meter. Der Sinnesraum der Fledermäuse spielt sich im Bereich weniger Meter ab. Das stellt gewaltige Anforderungen an das verarbeitende System. Sie müssen schnell reagieren können auf Informationen, die in den Echos enthalten sind.

Kluge: Wie schnell durchfliegen sie einen Horizont?

Kössl: Das geschieht innerhalb weniger Sekunden. Sie stoßen in schneller Abfolge Salven von Ortungsrufen aus und müssen im Millisekundenbereich die Informationen verarbeiten und auch umsetzen in motorische Kommandos an ihre Flügel, damit sie entsprechende Flugmanöver machen können.

Kluge: Dabei nehmen sie sich selbst wahr. Ihren Flug setzen sie in Relation zu dem, was von den Wänden zurückkommt.

Kössl: Wir können uns mit unserer Sinneswelt, die vor allem eine visuelle ist, nicht vorstellen, was sich da abspielt im Hirn dieser Tiere. Sie bringen in die Wahrnehmung ihre motorischen Bewegungen, ihre Flugmanöver mit ein und stellen das in Relation zu dem, was an Echo zurückkommt. Das sind andere Anforderungen an eine Sinnesverarbeitung als im visuellen System. Wenn wir herumblicken, sehen wir unsere Umwelt. Wir sehen verschiedene Objekte, können sie verarbeiten, können uns etwas dazu denken und entscheiden: Da drüben steht ein Glas Wasser. Ich bin durstig. Also gehe ich hin und trinke etwas. Wenn eine Fledermaus lange nachdenken würde, was sie mit den Echos macht, die zurückkommen, würde sie abstürzen. Das muss eine viel schnellere Verarbeitung sein, die nicht in Form von vielen parallelen Kanälen auf sie eintrifft wie bei unserer visuellen Welt. Das ist vor allem ein akustischer Kanal bei den Tieren, der auf beide Ohren trifft. Sie müssen unheimlich schnell mit neuronalen Mechanismen versuchen, das Beste daraus zu machen.

Kluge: Sie »sehen« mit den Ohren, sie nehmen einen Raum wahr, der sich aber andauernd verändert.

Kössl: Der verändert sich vor allem aufgrund ihres eigenen Fluges. Wenn ein Hindernis kommt, müssen sie ausweichen. Wenn sie ein Insekt jagen, wird es noch komplexer. Das Insekt versucht vielleicht zu fliehen. Die Fledermäuse müssen Informationen von den Echos aufnehmen, wo das Insekt sich befindet und ob es ein Insekt ist, das zur Nahrungsaufnahme dient. Die Beschaffenheit des Insekts muss mithilfe dieser Echos, dieser Informationen, ausgemacht werden.

Kluge: Sie können hören, ob es ihnen schmecken wird.

Kössl: Wenn da zum Beispiel ein Insekt ist mit vielen rauen Härchen, dann handelt es sich eher um ein giftiges Insekt. Da greift die Fledermaus nicht zu. Andere Insekten wie Käfer schmecken besser. All diese Informationen sind bereits in den Echos enthalten, zusätzlich zur Zeitinformation. Die Zeitinformation ist diejenige, die angibt, wie weit das Insekt entfernt ist.

Kluge: Wie viele Arten von Fledermäusen gibt es auf der Welt?

Kössl: Von Fledermäusen gibt es insgesamt etwa 1000 Arten, davon sind etwa 200 Großfledermäuse, also fliegende Hunde. Diese verfügen über keine Echoortung, sind dämmerungsaktiv und haben große Augen. Die anderen 800 Arten sind Kleinfledermäuse, die alle Echoortung betreiben.

Kluge: Es gibt Nussknacker, Nektarfresser, Blutlecker, Insektenjäger, Fisch- und Froschfresser.

Kössl: Die Fledermäuse haben sich in ihrem Biotop der Nacht viele verschiedene Nischen erobert. Die meisten erjagen Insekten. Aber es gibt auch Spezialisten, wie zum Beispiel die südamerikanischen Vampire, die Blut lecken.

Kluge: Lecken sie das Blut, indem sie zubeißen?

Kössl: Vampire beißen nicht. Sie haben zwei scharfe Schneidezähne und ritzen die Beute an. Gleichzeitig haben sie im Speichel auch anästhetisierende und blutgerinnungshemmende Stoffe. Dann fließt Blut aus dieser Ritzwunde. Das lecken sie. Vampire gehören wahrscheinlich zu den intelligentesten Fledermäusen. Um sich an die Beute anschleichen zu können, bedarf es einiger Voraussetzungen. Sie sind auch von ihren Hirnstrukturen her relativ hoch entwickelt.

Kluge: Die horchen sich heran an die Beute.

Kössl: Vampire benutzen beim Fliegen die Echoortung zur Orientierung. Wenn sie dann »sehen«, dass da eine potenzielle Beute ist, landen sie, schleichen sich an und vertrauen vor allem auf ein passives Hören der Geräusche, welche die Beute macht. Aber auch die Wärme der Beute, also die Strahlung der Körperwärme, und wahrscheinlich ebenfalls der Geruch spielen eine wichtige Rolle, damit sie die Beute finden.

Kluge: Gehen sie an Schlangen heran, an Kühe, an Menschen?

Kössl: Kühe gehören zu ihren Beutetieren. In Südamerika sind die Vampire bei den Farmern unbeliebt. Wenn Sie sich im Dschungel auf einer Isomatte hinlegen würden, dann träten die Fledermäuse auch an Sie heran. Sie übertragen aber leider diverse Krankheiten, die Rinderpest zum Beispiel. Das trägt auch dazu bei, dass Fledermäuse in den Gegenden, wo die Vampire vorkommen, nicht gut angesehen sind. Fledermäuse sind Säuger, sie legen keine Eier, obwohl sie fliegen. Die spezielle Fledermausart, die wir untersuchen, ist die Schnurrbartfledermaus. Diese Tiere leben in Höhlen und in großen Kolonien. Das sind Zehntausende von Tieren. Man findet sie an der Südküste von Kuba, wo wir im Karst Höhlen entdeckt haben. Kuba ist teilweise durchlöchert wie ein Schweizer Käse. Es gibt viele Höhlen; für den Fledermausforscher ist das ein Paradies.

Kluge: Warum heißen die Höhlen *Hot Caves*?

Kössl: Die jungen Fledermäuse leben in Wochenstuben in der Höhle, viele Tausend in engen Klumpen zusammen. Die sind noch haarlos; aufgrund der hohen Zahl von Fledermäusen in solchen Höhlen heizt sich der Ort auf etwa 40 Grad Celsius auf. Viele Fledermäuse haben braunes Fettgewebe, das dafür bekannt ist, dass es große Hitze erzeugen kann. Da finden sich Tausende, Hunderttausende, und in manchen Höhlen sind es auch Millionen von Fledermäusen. Diese Höhlen haben 100 Prozent Luftfeuchtigkeit. Das entspricht hinsichtlich Feuchtigkeit und Wärme der Situation im Mutterleib. Da fühlen sich die jungen Tiere geborgen. Sie wachsen etwa die ersten vier Wochen ihres Lebens dort auf.

Kluge: Wenn man auf so eine Höhle zugeht, raucht sie wie ein Schlot, sagen Sie.

Kössl: Bei einer schlotförmigen Höhle im Süden von Kuba, auch *Sinkhole* genannt (ein tiefer Tunnel, der senkrecht in die Erde geht), kamen wie aus einer Sauna Wasserwolken heraus. Die Höhle ist feucht und warm aufgrund der Fledermäuse. Die Tiere schaffen sich ihr Mikroklima. Das haben auch die Kubaner zum Teil studiert. Die Kubaner sind interessiert an Höhlen, auch weil sie manche ihrer militärischen Einrichtungen dort unterbringen. Von daher hatten wir schon ziemlich viele Informationen über die Höhlen.

Kluge: Vor diesen Höhlen befinden sich drei Meter lange Würgeschlangen.

Kössl: Diese *Hot Caves* sind so fledermausreich, dass die Fledermaus wiederum die Nahrung für andere Tiere darstellt. In Kuba ist das vor allem eine Boa-Art, die sich darauf spezialisiert hat, in der Abenddämmerung an Bäumen oder Felsvorsprüngen zu hängen, zu schaukeln und sich dann aus dem endlosen Strom von Fledermäusen, der rausfliegt aus der Höhle, ihr Abendessen zu fangen. An einer Höhle waren 15 oder 17 Schlangen gleichzeitig sichtbar. Ein kubanischer Student, der uns begleitete, meinte, das sei wie in *Indiana Jones*, wenn man im Dunkeln vor der Höhle sitzt. Man sieht die Fledermäuse nicht, aber man spürt die Luftbewegungen, das Flattern. Wenn viele Fledermäuse fliegen, ist auch ein Grollen zu hören, das aus der Höhle kommt. Wenn man mit der Taschenlampe leuchtet, sieht man, dass auch andere Interessenten vor Ort sind. Man muss aufpassen, dass man sich nicht auf eine der Schlangen draufsetzt. Sie sind scheu, sie meiden den Menschen, aber sie können auch ein paar Meter lang werden.

Kluge: Sie könnten einen Menschen erwürgen.

Kössl: Das schaffen sie nicht, aber sie beißen. Wir hören in einem bestimmten Bereich alle Töne ungefähr gleich gut. Die Fledermäuse haben einen Echoortungsruf, wo eine bestimmte Frequenz dominant ist. Bei dem Tier sind das 60 kHz, also 60.000 Schwingungen pro Sekunde. Menschen hören etwa bis maximal 18 oder 20 kHz. Wir beide hören vielleicht noch bis 8 kHz. Das Hörvermögen der Menschen nimmt mit dem Alter ab, was die Tonhöhe oder die Frequenz anbelangt. Diese Fledermäuse können aber 60.000 Schwingungen hören und manche von denen noch viel höher: 200.000 Schwingungen. Dieser Echoortungsruf enthält also hohe Frequenzen. Das Tier will sein eigenes Echo gut hören. Darum hat es in seinem Innenohr eine auditorische oder akustische Fovea, also einen Bereich im Innenohr, der um die 60.000 Schwingungen auflösen kann. Wenn man das Auflösevermögen mit unserem menschlichen Ohr vergleicht, ist es vielleicht vierzig Mal besser. Dazu ist ein großer Bereich des Innenohrs aufgebläht worden während der Evolution des Organs. Es entstand ein riesiges Innenohr. Wenn man sich das Tier anschaut, füllen die beiden Innenohren den Schädel fast völlig aus. Im Zentrum dieses Innenohres liegt die akustische Fovea. Hier nehmen sie kleinste Änderungen wahr; zum Beispiel können sie 60,05 kHz unterscheiden von 60 kHz. Das ist wichtig für ihre Echoortung, mit der sie fliegende Insekten auch im dichtesten Blattwerk erjagen.

Kluge: Sind das Hirn der Fledermäuse und diese Sensorik besonders geeignet, Musik zu machen?

Kössl: Unter der Bedingung, dass es sich die Fledermäuse leisten könnten, einer Musik länger zuzuhören, kann man das sagen. Es gibt neuronale Mechanismen, die für die Echoortung ausgelegt und auf eine genaue Frequenzverarbeitung getrimmt sind. Außerdem besitzen die Fledermäuse eine präzise Zeitverarbeitung. Sie müssen schnell die Zeitlichkeit der Echos analysieren können. Diese zwei Eigenschaften sind auch gut, wenn es darum geht, Musik zu erfassen. Auch wir Menschen vertrauen bei der Sprachwahrnehmung auf eine gute Analyse der Zeitlichkeit der Sprache durch unser Gehirn. Die Fledermäuse haben da Mechanismen entwickelt, die als Modell dienen könnten.

Kluge: Wären die Fledermäuse nicht vom Ernst ihres Lebens derart okkupiert und ohne Muße, dann könnten sie sprechen lernen?

Kössl: Dazu ist einiges mehr erforderlich, vor allem in puncto Stimmbänder und neuronale Mechanismen. Sie könnten auf jeden Fall komplexe Signale, wie sie Musik und Sprache darstellen, sinnvoll verarbeiten, wenn sie von der Evolution darauf getrimmt worden wären. Aber ihre Instinkte sind auf die Echoortung ausgerichtet. Die Fledermäuse nutzen nicht nur Echoortungssignale, sondern haben auch Kommunikationssignale, mit denen sie sich untereinander verständigen. Von manchen Fledermausarten ist bekannt (auch von der Schnurrbartfledermaus), dass sie ein ähnlich komplexes Kommunikationsrepertoire haben wie zum Beispiel die Singvögel. Sie können Strophen ausstoßen, haben einzelne Silben, die sie miteinander kombinieren. Das ist noch keine Sprache, aber ähnlich wie Singvögel können sie es verwenden, um Informationen zu übertragen und um zu sagen: Ich bin bedroht, helft mir. Oder: Ich bin bedroht, flieht lieber. Ein Männchen kann auch ein Weibchen anlocken.

Kluge: Sie schreiben, dass es Parasiten und Kot regnet.

Kössl: In manchen dieser Höhlen ist es auch für mich erschreckend gewesen. In diesen *Hot Caves* hängen teilweise Millionen von Fledermäusen an der Decke, die alle möglichen parasitischen Fliegen und Milben haben. Die rieseln leise runter. Teilweise war es auch so, dass durch den Wasserdampf, der in der Höhle ist, unsere Taschenlampe keine große Reichweite mehr hatte, weil die Luft erfüllt ist von allem Möglichen.

Kluge: Was kann Ihnen dort noch passieren?

Kössl: Es ist unangenehm, wenn es überall krabbelt; vor allem auf dem Boden sind Schaben. Das Ungewohnteste ist die große Hitze: 40 Grad und 100 Prozent Luftfeuchtigkeit bedeuten, dass wir selber durch Schwitzen nicht mehr unsere überhöhte Temperatur regulieren können. Man versucht sich nicht anzustrengen, weil man weiß, dass man schnell überhitzt, und das ist ein unangenehmes Gefühl. In manchen dieser Höhlen ist der Sauerstoffgehalt reduziert. Es gibt Kammern, die mit CO_2 gefüllt sind. Man muss aufpassen, dass man nicht hineingerät, weil man müde wird und umsinkt. Bei solchen Höhlen ist es ratsam, nicht allein hineinzugehen. Die Wüstenrennmaus ist ein Tier, das gut sieht und hört. Wüstenrennmäuse sind eher nacht- oder dämmerungsaktiv, benutzen aber ihr Gehör vor allem für passive Lokalisation. Wenn also ein Nachtgreifvogel kommt, der Wüstenrennmäuse fangen will, dann hören sie den und können ausweichen. Sie benutzen keine Echoortung und haben für diese passiven Lokalisationsaufgaben ein Gehör, das ein Generalistengehör ist. Sie hören alle Frequenzen ziemlich gut, sind aber nicht spezialisiert auf bestimmte Frequenzbereiche wie die Fledermaus. Wir studieren Fledermäuse und Wüstenrennmäuse, weil das zwei unterschiedliche Gehörsysteme sind. Je nach Fragestellung ist das eine Tier besser geeignet als das andere, um Antworten zu geben.

Kluge: Warum heißt das Tier Wüstenrennmaus?

Kössl: Die kommen in Wüsten vor; die mongolische Wüstenrennmaus kommt in der Mongolei vor und im Norden von China. Wüstenrennmäuse, ähnlich wie andere Mäuse oder auch Ratten, sind äußerst kurzlebig. Sie leben zwei oder drei Jahre, erzeugen aber während dieser Zeit möglichst viele Junge. Hunderte bis Tausende von Jungen werden in dieser kurzen Zeit geboren. Das ist die Überlebensstrategie solcher Arten, um in ihrer Umwelt zu bestehen. Sie pflanzen sich oft fort. Bei der Fledermaus ist es anders. Fledermäuse sind langlebig. Sie können bis zu 40 Jahre alt werden. Man hat vor kurzem eine beringte Fledermaus wiedergefunden, die vor 30 Jahren beringt worden ist. Das sind für so kleine Tiere Rekordhalter in Langlebigkeit. Dementsprechend haben sie aber nicht so viele Junge, pro Jahr eins oder zwei. Sie versuchen ihre Art zu erhalten, indem sie lange leben. Sie sind eher vergleichbar mit uns Menschen in dieser Hinsicht als mit Wüstenrennmäusen.

Kluge: Wie lange gibt es Fledermäuse schon?

Kössl: Die ersten Skelettfunde sind 50 bis 60 Millionen Jahre alt.

Kluge: Walter Benjamin hat behauptet, dass der Dichter, der Poet, auch der Prophet so etwas sei wie eine Fledermaus. Er wirft testend ein Stück Sprache auf die Gegenstände. Aus dem, was zurückkehrt, entwickelt er seinen literarischen Text. Kann man sagen, dass unsere Kommunikation und die der Fledermäuse etwas miteinander zu tun haben?

Kössl: Der Dichter wirft etwas an die Wand und wartet, bis etwas zurückkommt. Das ist ein aktives Verfahren, das wir anwenden, wenn wir ein Buch schreiben und dichten. Der Weg zur Wahrheit muss aktiv gestaltet werden. Das machen die Fledermäuse auch in Form ihrer Echoortung. Allerdings glaube ich nicht, dass sie Poesie schaffen.

Kluge: Sie hören sich gerne schnattern. Sind sie laut?

Kössl: Ja. Wenn sie nicht schlafen, stoßen sie ständig Impulse aus, weil sie informiert sein möchten, was vor sich geht in der Umwelt. Wenn Sie die Augen schließen würden, würden Sie sich auch unwohl fühlen. Wir blicken ständig herum, und die Fledermäuse machen dasselbe mit ihrem Gehörsinn. Einige Arten können ihre Ohren aktiv bewegen, so ähnlich wie wir unsere Augen bewegen. Ständig wird die Umwelt bei den Fledermäusen mit aktiv erzeugten Schallsignalen abgetastet.

Kluge: Haben die Tiere auch Lust, zusammen zu sein?

Kössl: In den Höhlen hängen sie in dichten Trauben. Man kann das durchaus als Schnattern bezeichnen. Sie zwitschern, sie geben Laute von sich. Das ist eine bewegliche Fledermaustraube, die einen Überorganismus darstellt. Sie kommunizieren; alle möglichen Vorgänge finden statt in der Traube, über die wir wenig wissen. Es gibt Sexualvorgänge. Es entstehen wahrscheinlich ähnlich wie bei anderen Tieren Dominanzschemen. Einer ist das dominierende Männchen. Das sind komplexe Sozialsysteme. Wenn sie rausfliegen, um zu jagen, kommunizieren sie. Sie stecken ihr Revier ab. Wenn junge Fledermäuse das erste Mal lernen zu jagen, dann folgen sie ihren Müttern. Die Mütter lehren sie, was sie zu tun haben mit ihrer Echoortung. Da findet eine wichtige Kommunikation zwischen den Tieren statt.

Kluge: Was ist ein Ohr in der Evolution? Wann tauchen die ersten Ohren auf?

Kössl: Sie entstehen später als die Augen. Erste Gehörsinnesorgane gibt es bereits bei Fischen. Das entwickelt sich aus der Seitenlinie des Fisches. Da gibt es Mechanorezeptoren, die im Wasser mechanische Schwingungen wahrnehmen können. Fische haben noch kein Innenohr, wie wir es haben. Aber sie benutzen zum Teil die Seitenlinie und ihr Gleichgewichtssystem.

Kluge: Was ist eine Seitenlinie?

Kössl: Fische besitzen entlang ihrer Körperseite ein feines Kanalsystem. In diesem Kanalsystem sitzen Haarsinneszellen, die ein sensorisches Haarbündel haben und über die sie den Wasserstrom wahrnehmen können. Aus solchen Sinneszellen entwickelte sich auch das Gleichgewichtsorgan, das wir ebenfalls haben. In unserem Gleichgewichtsorgan sitzen ebenfalls Gruppen von Haarsinneszellen. Wir haben dann die Bogengänge. Wenn wir zum Beispiel unseren Kopf drehen, bewegen sich die Flüssigkeit in diesen Bogengängen und die Haare der Sinneszellen. Die Sinneszellen formen diesen mechanischen Stimulus in ein Nervenpotenzial um, und das Gehirn verarbeitet das weiter.

Kluge: Ein und dasselbe Organ reguliert den Gleichgewichtssinn, den aufrechten Gang und das Gehör.

Kössl: Bei den Säugetieren ist nochmals ein kleiner Evolutionssprung erfolgt bezüglich der Ohren. Viele Nichtsäuger, also Wirbeltiere wie Vögel, Reptilien und Amphibien, hören auch schon gut, aber sie können keine hohen Tonhöhen wahrnehmen. Die ersten Säuger haben ein Innenohr entwickelt, das hohe Töne, 60.000 Schwingungen oder noch höher, wahrnehmbar gemacht hat. Sie haben sich eine neue Sinneswelt erobert. Das hat zu tun mit dem Mittelohr, das anders konstruiert ist und vor dem Innenohr liegt. Es liegt auch an den Sinneszellen im Innenohr selbst. Die Säuger haben eine neue Stufe des Gehörs entwickelt. Die Fähigkeit, hohe Töne wahrzunehmen, ist durchaus etwas Säugertypisches. Wir Menschen sind eher minderbemittelt mit unserem Hörvermögen bis 18 kHz. Aber viele andere Säuger, beispielsweise Hunde und Katzen, können auch schon bis 70.000 oder 80.000 Schwingungen pro Sekunde wahrnehmen.

Kluge: Wie ist es mit Eulen?

Kössl: Eulen sind keine Säuger. Das ist vielleicht das Tier unter den Vögeln, das am hochfrequentesten wahrnehmen kann. Die Eule hört bis etwa 10.000 Schwingungen. Aber Säuger hören viel höher. Das war die Voraussetzung dafür, dass sich Echoortung entwickeln konnte. Um sinnvoll Echoortung zu betreiben, brauche ich hohe Frequenzen. Wenn ein kleines Fluginsekt in der Luft ist und ich einen tieffrequenten Schall aussende, dann beugt sich der Schall um das Insekt herum, versackt und wird nicht gut reflektiert. Ich brauche einen hochfrequenten Schall, damit auch ein Echo zurückkommt.

Kluge: Diese Hörtiere können 200 Peillaute pro Sekunde ausstoßen.

Kössl: Wenn sie dicht vor dem Insekt stehen und wissen müssen, wo es ist und wohin es versucht, auszuweichen, wird eine schnelle Abfolge kurzer Peillaute ausgesandt. Die Tiere müssen diese 200 Laute pro Sekunde (oder zum Teil noch mehr in Form der Echos, die zurückkommen) verarbeiten können. Sie müssen ihre eigenen Laute hören können und auch noch die Echos. Sie müssen Laute und Echos zueinander in Bezug setzen können. Das ist ein stroboskopisches Hören, was diese Tiere haben. Sie benutzen ein schnell flackerndes Schallstroboskop, um die Umwelt zu beleuchten. Sie bekommen kurz hintereinander viele Schallbilder zurück, die sie dann auswerten müssen. Um das machen zu können, benötigen sie eine gute Zeitverarbeitung. Die Fledermäuse benötigen eine schnellere, hochgezüchtetere Zeitverarbeitung als »normale« Säugetiere aufgrund dieser Stroboskopsituation. Forscher in den USA haben bei der Schnurrbartfledermaus herausgefunden, dass sie die Fähigkeit hat, in ihrem Vorderhirn, ihrem Cortex, Zeit abzubilden. Sie hat dort eine Zeitkarte. Diese besteht aus einzelnen Nervenzellen, die nur dann antworten, wenn ein Ortungsruf ausgesandt wurde und ein Echo zurückkommt. Das Echo muss eine bestimmte Verzögerungszeit haben. Ein Neuron wird reagieren, wenn eine kurze Verzögerungszeit da war, wenn das Objekt nahe ist; ein anderes Neuron wird reagieren, wenn eine lange Verzögerungszeit vorhanden ist. Das sind viele Millionen von Neuronen, die eine kontinuierliche Karte dieser Verzögerungszeit erstellen und damit ein Abbild der Umwelt schaffen.

Kluge: Unser menschliches Gehirn liegt in einem geschlossenen Knochensystem und sieht lebenslänglich nichts. Es stellt Vermutungen an; aufgrund von Irrtümern können wir, weil es durch die Evolution gelernt wurde und sich in der Sprache wiederholt, etwas abbilden. Ist unser Hirn etwas Ähnliches wie eine Fledermaus?

Kössl: Das Hirn ist für uns noch ein relativ unbekanntes Wesen. Wir wissen ziemlich wenig über eine Reihe von Vorgängen in unserem Hirn. Von daher könnte man schon sagen, dass das Gehirn die versteckte Fledermaus ist, über die wir noch nicht Bescheid wissen.

Kluge: Das Gehirn ist wie eine Traube von Tieren, die in der Höhle hängt.

Kössl: Viele Parameter nicht nur unserer Wahrnehmung, sondern auch unserer Kognition, werden im Gehirn erzeugt. Zeit ist etwas Subjektives, wird erzeugt für uns in unserem Gehirn. Darum sind solche Zeitverarbeitungs- und Wahrnehmungsmechanismen essenziell für unser Sein. Fledermäuse haben ein anderes Sein, aber sie haben hochgezüchtete Mechanismen, nicht nur, um mit Zeit umzugehen, sondern auch, um Zeit zu erzeugen in ihrer kognitiven Verarbeitung.

Kluge: Die menschliche Intelligenz ist eine Tochter der Vorsicht. Es bildete sich in der landwirtschaftlichen Revolution, in Mesopotamien, ein Menschenstand heraus, der Bücher las, der die Äcker des Geistes pflegte, zusätzlich zu den normalen Äckern. Das ist weit entfernt vom Jagen, Kämpfen und Erobern. Hier ist bei den Fledermäusen eine Intelligenz, die aus dem Jagdverhalten kommt.

Kössl: Es gibt eine komplexe neuronale Verarbeitung, die auf das Jagdverhalten, aber auch das Kommunikationsverhalten zurückgeht. Die Intelligenz entstand schon vor der Zeit in Mesopotamien. Was den Menschen ausmacht, sind Sprache und Kommunikation. Meines Erachtens war der wichtige Schritt hin zur Intelligenz die Sprache. Da gelangt man zu manchen Tieren wie Singvögeln oder Fledermäusen, die versuchen das auch schon ein bisschen.

Kluge: Die Sprache entsteht vermutlich, wenn das Verhältnis zwischen Mutter und Kind lange andauert und es eine lange Lernphase gibt. Sie untersuchen bei den kubanischen Fledermäusen diese postnatale Entwicklung, die Schulstube, wie die Tiere das Leben lernen.

Kössl: Eigentlich haben wir die Sprache den Müttern zu verdanken, die mit den Kindern kommunizieren. Die waren vielleicht der Motor für die Höherentwicklung.

Kluge: Es gibt das Fingerspitzengefühl, wenn ich mich ins Fell der Mutter einkralle, um mithilfe des Klammereffekts aus dem Gefahrenfeld zu flüchten. Das ist die Quelle der Arbeit. Die Hand und die Fingerfertigkeiten sind meine Grundlage.

Kössl: Wir haben uns entwickelt aus Primaten, die im Wald gelebt haben und dreidimensional zwischen den Ästen herumgehüpft sind. Die brauchten Klammerorgane, um zu überleben in der Umwelt. Unsere Hand ist ein wichtiger Teil des Menschlichen.

Kluge: Haben Fledermäuse Hände?

Kössl: Sie haben Flügel.

Kluge: Sie können nichts greifen?

Kössl: Nein, da haben sie einen Nachteil. Sie mussten sich entscheiden, ob sie fliegen oder greifen wollten. Sie haben sich fürs Fliegen entschieden. Sie können fliegen, schnappen und haben Hinterbeine. Das entspricht unseren Füßen, unseren Beinen. Sie haben Krallen, mit denen sie sich festhalten können. Mechanisch nutzbare Greifinstrumente wie unsere Hand sind einmalig.

Kluge: Können sie sich verteidigen, außer durch Flucht?

Kössl: Sie können sich verteidigen mit ihrem Maul, mit dem Gebiss. Sie können zubeißen, haben scharfe Zähne. Sie benutzen auch zum Teil ihre Schreie zur Verteidigung. Wenn Sie eine Fledermaus aus einer Traube herausgreifen, werden andere Tiere zunächst versuchen Sie dazu zu bringen, sie wieder frei zu lassen, indem sie Sie laut anbrüllen. Das ist ein zum Teil auch für uns hörbares, unangenehmes Geräusch. Es ist tieffrequent; sie wollen damit auch andere potenzielle Räuber abschrecken, auch solche, die ihre Ultraschalllaute nicht hören.

Kluge: Was ist Molossus molossus?

Kössl: Das ist eine spezielle kubanische Fledermausart, die wir untersucht haben. Die hat keine auditorische Fovea im Innenohr. Sie hat auch nicht so eine starke Vorzugsfrequenz in der Echoortung wie die Schnurrbartfledermaus. Aber sie ist eine gute Generalistenfledermaus. Die sind häufig im Stadtraum über Kuba unterwegs, jagen Insekten im freien Luftraum.

Kluge: Die Stadt stört sie nicht.

Kössl: Nein, nach ihnen kann man die Uhr stellen. So um 20.15 Uhr kommen sie heraus. Es ist eine ziemliche Fledermausdichte über den Dächern von Havanna. Das sind vor allem Molossus-Tiere. Sie werden leider von den Einheimischen eher als Ungeziefer behandelt. Es gibt gelegentlich Fledermausvernichtungsaktionen. Aber unsere kubanischen Mitarbeiter hoffen, dass man auch in Kuba etwas mehr Bewusstsein für Fledermäuse erzeugen kann, dass man diese Tiere schätzen lernt als wichtigen Bestandteil der Umwelt. Echoortung wurde zweimal erfunden, einmal von den Fledermäusen im Luftraum und dann von Zahnwalen im Wasser. Zahnwale erbringen damit auch erstaunliche Orientierungsleistungen.

Kluge: Das geschieht über ganze Ozeane hinweg.

Kössl: Das ist etwas anderes. Es gibt Bartenwale, die erzeugen tieffrequente Geräusche. Das Singen der Wale ist Infraschall. Das können wir nicht wahrnehmen. Eine Eigenschaft von tieffrequentem Schall ist, dass er sich endlos ausbreitet. Darum sind Walgesänge über Ozeane hinweg hörbar für die Wale. Echoortungssignale sind hochfrequent. Die ermöglichen ein genaues Abbild der Umwelt. Aber sie versacken schnell im Wasser und auch in der Luft, haben keine große Reichweite. Die Walgesänge sind etwas anderes, sie dienen der Kommunikation. Die Bartenwale haben sich auf tieffrequente Wahrnehmung spezialisiert und die Zahnwale auf die Echoortung. Die Organe für Navigation sind vielfältig. Tiere benutzen alle Sinnessysteme, über die sie verfügen, um zu navigieren.

Abb. 51

Algorithmen der Evolution

Mehrere Hundert Millionen Jahre lang dauert die Paläontologie der Wirbeltiere, jener Teil der Evolution, der von den Fischen bis zu uns Menschen reicht. Dieser Zeitraum ist eines der interessantesten Kapitel »im aufgeschlagenen Buch des Lebens«. Keine literarische Erzählung kommt dieser umwegreichen »Handlung« nahe.

Man zählt fünf große Massensterben über die gewaltige Zeitdauer: »The Big Five«. In immer neuen Variationen und Kämpfen stellt sich die Vielfalt der Arten jedoch erneut wieder her.

Ein Gespräch mit dem Paläontologen Hans-Ulrich Pfretzschner

Alexander Kluge: Welches Leben findet sich auf dem Superkontinent Pangäa?

Hans-Ulrich Pfretzschner: Das sind viele, denn es ist ein riesiger Kontinent. Einerseits haben wir schon im Karbon die Bärlappbäume, die Siegelbäume und die Schuppenbäume. Das sind 20 bis 40 Meter hohe Bäume, die aber vorwiegend in der Nähe von Gewässern oder sogar im Sumpfigen standen, weil sie ein schlechtes Wasserleitungsvermögen hatten. Wir haben die ersten Koniferen, also Nadelbäume. Allerdings hatten die damals keine Nadeln, sondern riemenförmige Blätter. Das sah wie ein Stück Gürtel oder wie schmale, lange Blätter aus. Dann gab es in den Seen, an den Randzonen, baumhohe Equiseten, die Kalamiten, das sind Schachtelhalmgewächse. Karbon ist die Steinkohlezeit, das war vor ungefähr 300 bis 340 Millionen Jahren. Da gab es riesige Insekten, Libellen mit einer Spannweite von einem Meter. Da gab es die Panzerlurche, die auch an Land gegangen sind. Wir kennen aus dem Oberkarbon ebenfalls die ersten Verwandten von Dimetrodon, also säugerähnliche Reptilien, die aber damals noch anders aussahen. Später kamen im Perm die Rückensegel dazu. Es gab im Karbon die ersten sauropsiden Reptilien. Im Perm sieht es schon wieder anders aus. Das war etwa 50 Millionen Jahre später. Da haben wir auch andere Pflanzen. Viele von den Bärlappgewächsen sind in ihrer Bedeutung zurückgegangen. Wir haben dann die Reptilien, die Pelycosaurier mit ihren Segeln. Die Evolution verläuft schnell.

Kluge: Der Superkontinent Pangäa geht auseinander. Nun gibt es Gondwana, das spätere Afrika. Da finden sich die Afrotheria. Das sind afrikanische Tiere?

Pfretzschner: Das hat man erst vor einigen Jahren entdeckt. Wir haben früher die Goldmulle und die Tenreks mit Igeln und Maulwürfen in eine Gruppe eingeordnet und gesagt: Das sind Insektivoren, basale Säugetiere. Durch genetische Untersuchungen hat man festgestellt, dass die Säugetierlinien, die in Afrika entstanden sind, also die Elefanten, die Seekühe, die Klippschliefer, die Goldmulle und Tenreks untereinander näher verwandt sind als mit den Tieren, die in Europa und Asien entstanden sind. Das sind die Laurasiatheria.

Kluge: Dann gibt es noch die Tethytheria. Das sind Seetiere. Die Tethyssee bringt auch eine Fauna hervor.

Pfretzschner: Die Seekühe und Wale sind da entstanden. Durch das Auseinanderbrechen dieses Riesenkontinents in einzelne Kontinente konnten sich die Linien nicht mehr vermischen, sondern mussten sich zunächst eine Zeit lang innerhalb des Kontinents entwickeln. Deshalb ist die Verwandtschaft zwischen den Überlebenden auf einem Kontinent enger als mit denen, die auf anderen Kontinenten überlebt haben. Im Kleinen kann man das an den Lungenfischen sehen. Es gibt heute drei Lungenfische, die an Süßwasser gebunden sind, also nicht durch das Meer geschwommen sein können. Eine Art lebt in Australien, eine in Afrika und eine in Südamerika.

Kluge: Wir Trockennasenaffen haben einen Vetter, den Gorilla. Wer ist der gemeinsame Vorfahre?

Pfretzschner: Den direkten Vorfahren kennen wir nicht, weil sich diese Entwicklung aufgespalten hat. Aus dieser Zeit haben wir wenig Fossilien. Die ersten Menschenaffen kennen wir aus dem Oligozän. Aegyptopithecus zum Beispiel kommt aus dem Fayyum. Das ist eine Oase südlich von Kairo in Ägypten. Da gibt es fossilreiche Sedimente aus dem Oligozän, in dem wir, vor 35 oder 40 Millionen Jahren, den Beginn der Menschenaffen verzeichnen. Eine nächste

Station ist das Miozän, vor etwa 15 bis 25 Millionen Jahren, in dem Menschenaffen wie zum Beispiel der Proconsul oder der Kenyapithecus lebten. Sie haben sich nicht gehangelt wie heute die Gibbons oder die Schimpansen, sondern sind wie Meerkatzen auf den Ästen gelaufen. Es gibt auch kletternde Nagetiere. Die Affen haben keine Krallen. Alle Menschenaffen haben Fingernägel; die Primaten halten sich also an den Ästen fest, indem sie sie umklammern. Das sind Greifkletterer. Wenn jetzt ein Greifkletterer größer wird, hat er Schwierigkeiten, sich auf den schwankenden Ästen zu halten. Da gibt es zwei Möglichkeiten: Er lässt sich runterhängen vom Ast und hangelt. Das haben unabhängig voneinander die Gibbons, die Orangs und die Schimpansen entwickelt. Mitte der neunziger Jahre hat man erkannt, dass man den Fehler gemacht hat, die Anpassung, die wir ans Greifklettern besitzen, über die Analogie mit dem Schimpansen als Hangelanpassungen zu interpretieren. In Wirklichkeit waren wir keine Hangler. Unsere Vorfahren waren Greifkletterer, die auf den Ästen geklettert sind. Wenn sie größer wurden, also Schimpansengröße erreicht hatten, haben sie sich aufgerichtet und sind so geklettert, wie wir als Kinder auf dem Klettergerüst klettern oder wie wir durch einen schwankenden Bus gehen.

Kluge: Das Gleichgewichtsgefühl ist besonders wichtig. Das ist eine Eigenschaft, die den aufrechten Gang später befördert.

Pfretzschner: Wir haben den aufrechten Gang in den Bäumen erfunden, deswegen sieht das Innere eines Stadtbusses aus wie ein Klettergerüst auf dem Spielplatz oder das Innere eines Affenkäfigs. Das ist ein Bus, der für Greifkletterer gemacht ist. Wir halten uns oben an Stangen fest. So sind damals die Vorfahren, die miozänen Affen, auf den Ästen gelaufen. Sie haben sich oben festgehalten an anderen Ästen.

Kluge: Sie befanden sich in Sicherheit vor bodenständigen Raubtieren, in der Nähe der Früchte.

Pfretzschner: Zum Fruchtessen waren sie zu groß, das reichte nicht mehr. Dann mussten auch Blätter und vielleicht auch ein kleines Tier gefangen und verspeist werden. Wir kennen zum Beispiel vor 4,4 Millionen Jahren den Ardipithecus ramidus. Der kommt aus einer Waldlandschaft. Wir wissen, dass das eine offene Waldlandschaft war und dass er nicht gehangelt ist. Er hatte einen Greifzeh, konnte also den großen Zeh, wie wir den Daumen, abspreizen. Das sieht man heute noch, wenn Kleinkinder mit ihren nackten Füßen im Kinderwagen liegen. Dann sieht man in diesen Babyspeckfüßchen eine Greiffurche zwischen dem großen Zeh und den anderen Zehen. Das ist das Erbe dieser Greifer, das wir auch in der Hand erkennen. Dieser Ardipithecus ramidus hat mit den Füßen die Zweige, mit den Händen die Äste oben umklammert und ist aufrecht auf den Zweigen gelaufen. Der aufrechte Gang ist nicht mit der Fortbewegung in der Savanne oder auf dem Boden, sondern im Wald, auf den Bäumen entstanden. Vor ein paar Jahren haben wir durch neuere Funde gelernt, dass bei den Amphibien die Beine unter Wasser entwickelt wurden. Sie wurden zum Unterwasserschreiten erfunden und nicht zum Überlandlaufen. Lange Zeit existierte die Vorstellung, dass wir eine Klimascheide in Afrika hatten. Im Westen befanden sich Urwälder, und im Osten wurde durch die Grabenbruchsysteme vom ostafrikanischen Graben das Klima trockener. Dort lebten die Urmenschen, also die Affen, die von den Bäumen in die Steppe, auf den Boden gegangen sind und aufrecht gehen konnten. Jetzt mussten wir lernen, dass der aufrechte Gang in den Bäumen erlernt wurde.

Kluge: Dieses Tier ist kein direkter Vorfahre von uns?

Pfretzschner: Es ist nah dran. Einige Forscher sagen, dass er eher zu den Gorillas tendiert. Von der Gesichtspartie her, mit diesem weit zurückgedrängten und reduzierten Gesichtsbereich, den kleinen Zähnen und auch dem Hinterhauptsloch (die Wirbelsäule kam von unten) ist das ein menschenähnlicher Vorfahre. Er hat sogar einen Gesichtswinkel. Das kann man auf Röntgenaufnahmen sehen. Das ist der Winkel zwischen Schädelbasis und dem Gesicht. Er kommt dem Menschen näher als zum Beispiel der Australopithecus, also Lucy. Es kann gut sein, dass wir die Geschichte des Menschen umschreiben müssen.

Kluge: Der ist noch älter als Lucy.

Pfretzschner: Gleichzeitig ist ein Oberschenkelknochen gefunden worden in Ostafrika, der mit Sicherheit von einem aufrecht gehenden Hominiden stammt. Aber mit diesem Sahelanthropus kommen wir dem Vorfahren, nach dem Sie gefragt hatten, am nächsten.

Kluge: Die Elefanten sind mit uns nicht nahe verwandt. Das sind Tiere, die uns bezaubern, weil sie groß sind, diese Art von Augen haben, ihnen so viele Geschichten zugeschrieben werden. Sie vergessen nichts. Wir versetzen uns in sie hinein. Wo kommen die Elefanten her? Waren sie ursprünglich kleiner?

Pfretzschner: Sie waren viel kleiner. Ursprünglich kommen die ältesten Elefanten aus Afrika. Das ist Moeritherium, der auch wieder aus dem Fayyum stammt, also aus dem Eozän. Er ist 40 bis 50 Millionen Jahre alt und etwa so groß wie ein Zwergflusspferd, hat wahrscheinlich auch amphibisch gelebt, hatte noch keinen Rüssel. Die Elefantenentwicklung hat sich vorwiegend in Afrika abgespielt. Zunächst haben sich die Kiefer gestreckt. Es gab die Stoßzahnentwicklung bei den Mastodonten, bei Palaeomastodon. Ursprünglich waren es vier, zwei im Oberkiefer und zwei im Unterkiefer. Warum diese Entwicklung so stattfand, ist schwer zu erklären. Die Stoßzähne sind auch beim heutigen Elefanten ein Allzweckinstrument.

Kluge: Sie dienen aber nicht wie das Hirschgeweih einer geschlechtlichen Auszeichnung oder der Absonderung von Eiweiß?

Pfretzschner: Beim Elefanten steht das mit der Ernährung im Zusammenhang. Die heutigen Elefanten benutzen die Stoßzähne als Werkzeug. Sie können damit Bäume fällen. Wenn sie ein Grasbüschel ausreißen, schlagen sie das über einen Stoßzahn, um die Erde zu entfernen. Sie fressen das Gras. Sie können damit Breschen schlagen in den Wald. Das ist ein Allzweckinstrument für ein Riesentier. Wir kennen allerdings auch zwei Linien, Platybelodon und Amebelodon, die vor 20 Millionen Jahren gelebt haben und die die Unterkieferstoßzähne schaufelförmig und stark verlängert ausgebildet haben. Das sieht aus wie bei einem Schaufelbagger. Sie haben wahrscheinlich im Wasser gelebt und Wasserpflanzen herausgerissen. Aber es ist ein Rätsel, was sie damit gemacht haben.

Kluge: Sie sind der Direktor einer ungeheuren Alchimistenküche. Es ist ein großes Reich, in dem Sie forschen. Eigentlich tragen wir Teile davon jeden Tag mit uns.

Pfretzschner: Wir tragen in uns 400 oder 500 Millionen Jahre Entwicklung. Ein Kollege aus den USA, Neil Shubin, hat das Buch »Der Fisch in uns« geschrieben. Er schildert, was alles an Evolutionsstadien noch in unserem Skelett steckt.

Kluge: Was steckt in unserer Haut?

Pfretzschner: Das ist schwierig zu sagen. Die Haut, wenn sie fossil überliefert ist, haben wir nur als Abdruck und nicht im Aufbau. Gerade bei den Vorfahren der Säugetiere wissen wir nicht genau, wie die aussahen, was sie für eine Haut hatten. Das Immunsystem und die Lokalisation des Immunsystems, die Nervenzellen sind alte Errungenschaften, die bei uns noch in der Haut enthalten sind. Allerdings ist die Haut mit der Hornhaut und dem komplexen Aufbau jüngeren Datums. Die säugerartige Haut dürfte vor 300 Millionen Jahren die wesentlichen Entwicklungen durchgemacht haben. Auf der anderen Seite haben auch Fische eine Haut. Der grundsätzliche Aufbau der Haut besteht aus zwei Keimblättern, aus dem Ektoderm und der Epidermis (mit der Dermis). Das wird schon im Embryo festgelegt. Gerade die jüngere Geschichte der Gattung Homo ist verzwickt. Wir haben den Homo erectus, den ersten Touristen, der als erster Afrika verlassen hat. Danach kam der Homo sapiens. Aber da sind die Übergänge schwierig festzulegen.

Kluge: Das Erkennen eines Gegners aus den Augenwinkeln, das Wandern, die Orientierung am Horizont, das Gleichgewichtsgefühl – all das mag eine eigene Geschichte haben und ein eigenes Alter.

Pfretzschner: Wir können eher eine Zeittafel aufstellen mit den einzelnen Eigenschaften des Homo sapiens, als dass wir den Zeitpunkt der Existenz des Homo sapiens genau festlegen können. Wann handelt es sich um Säugetiere? Wir haben festgelegt, dass wir von einem Säugetier sprechen, wenn es das neue Kiefergelenk hat. Jetzt gibt es welche, die das neue und daneben das alte Kiefergelenk haben. Ist das schon ein Säuger? Wir müssen eine Schlüsseleigenschaft haben. Wie biologisch sinnvoll diese ist, wissen wir nicht.

Kluge: Den Mund gibt es bei den frühesten Wirbeltieren. Damit können wir sprechen, essen, aber auch die Nahrung verweigern.

Pfretzschner: Das wird verkompliziert dadurch, dass wir in der frühen Menschheitsgeschichte vor knapp vier Millionen Jahren mehrere Menschenarten gleichzeitig haben, die aber unterschiedliche ökologische Ansprüche besaßen.

Kluge: Haben diese unterschiedlichen Arten sich berührt, überfallen oder gemieden?

Pfretzschner: Wir wissen nicht, ob sie sich gegenseitig die Schädel eingeschlagen haben. Aber sie haben zur gleichen

Zeit gelebt, hatten unterschiedliche ökologische Ansprüche und unterschiedliche Nahrung. Diese robusten Formen haben sich vorwiegend von Gräsern ernährt, wahrscheinlich – das schließen wir aus den Abriebspuren an den Zähnen – von Grassamen. Ihre Zähne zeigen die typische Isotopensignatur von Grasessern. Aber sie haben nicht diese Striemen auf den Zähnen, wie das zum Beispiel Pferde oder Antilopen haben. Sie haben nicht die faserreiche Graspflanze selbst, sondern wahrscheinlich nur den Samen gegessen. Aber inwiefern sie mit den grazilen Australopithecinen zusammengelebt haben und wie die Berührung aussah, können wir nicht sagen. Wir haben kein Schlachtfeld, wo die Leichen von beiden liegen. Wir haben keine Waffen, keine anderen Überlieferungen. Und selbst beim Neandertaler und beim Homo sapiens ist noch unklar, wie die Begegnungen abliefen.

Kluge: Haben sie sich vermischt?

Pfretzschner: Ursprünglich dachte man, dass wir keine DNA vom Neandertaler in uns hätten. Der Biologe Svante Pääbo behauptet in seinen Untersuchungen, dass wir durchaus ein paar Prozent Neandertaler-DNA in unserem Genom haben. Aber wie die Begegnungen aussahen, können wir nicht ermitteln. Das liegt an der Lückenhaftigkeit des Fossilberichts.

Kluge: Es gibt ökologische Bremsen. Wenn Milch und Honig fließen, geht die Entwicklung zeitweise nicht weiter. So beschreibt es Hermann Parzinger in seinem Buch *Die Kinder des Prometheus. Eine Geschichte der Menschheit vor der Erfindung der Schrift*. Im Süden des Sudans gab es so viele Ressourcen, dass keine Bronzezeit, keine Eisenzeit nötig waren und die Entwicklung aussetzt. Erst von Libyen her, aus Not, wird die Gegend von einer anderen Bevölkerung okkupiert. Könnten Sie sich vorstellen, dass das Menschengeschlecht, also der Homo sapiens, überholt worden wäre durch eine andere Spezies, die auch Arbeit und Intelligenz entwickelt?

Pfretzschner: Nein. Wir haben zur Zeit, als der Homo sapiens entsteht, bereits eine ziemliche Kanalisierung der Entwicklung. Diese Vielfalt an Menschenarten hat da schon nicht mehr bestanden. Insofern ist die Entscheidung schon früher gefallen. Zur Zeit des Australopithecus, also zu Lucys Zeit, könnte ich mir vorstellen, dass es eine andere Hominidenart, vielleicht sogar aus Westafrika, gewesen ist, die schneller sich hätte entwickeln können. Aber danach ist es schwer vorstellbar. In der Evolution ist es nicht unbedingt so, dass der Überfluss die Evolution bremst. Die Evolution passt den Organismus so weit an, dass er vernünftig mit seinen Konkurrenten und seinen Mitbewohnern zusammenleben kann und eine Chance hat, sich fortzupflanzen. Deswegen sind die einzelnen Arten nicht optimal angepasst. Das beste Beispiel, das Charles Darwin bringt, ist die Wasseramsel, die ihre Nahrung in Bächen auf dem Boden sucht, also unter Wasser. Außer einer Fett erzeugenden Talgdrüse am Schwanz, am Bürzel, um das Gefieder ein bisschen zu fetten, hat sie keinerlei Anpassung, keine Schwimmhäute. Sie hat keine Konkurrenten, deswegen kann sie ohne diese Anpassung auskommen. Wenn die Umweltbedingungen konstant sind, wird der momentane Zustand stabilisiert. Das nennen wir stabilisierende Evolution. Wenn wir die Haarlänge von Säugetieren vermessen, die Zahnlänge oder die Dicke der Knochen, bekommen wir bei einer Art eine Glockenkurve, eine Streuung. Das ist die Variabilität in einer Art. Solange die Bedingungen konstant bleiben, wird das auf den Mittelwert dieser Glockenkurve getrimmt und dort gehalten. Wenn die Bedingungen sich ändern, es kälter oder heißer wird, kommt Bewegung in die Sache. Dann werden die weiter außen liegenden, extremeren Varianten teilweise bevorzugt. Das fängt an mit Verhaltensänderungen. Es gibt

Amseln, die sich dem Menschen stark annähern. Es gibt eine andere Amsellinie, die eher Distanz zum Menschen hält. Singvögel ändern ihr Verhalten, indem sie zum Beispiel die Lautstärke ihrer Gesänge wegen Straßenverkehrs erhöhen. Sie ändern auch die Frequenzen und die Gesänge. Manche ahmen sogar Handytöne nach. Mit dem wärmer werdenden Klima ändern manche Zugvögel ihr Verhalten und ziehen nicht mehr. Die Evolution arbeitet mit denselben Logikkriterien, mit denen wir als Menschen denken.

Kluge: Das geschieht aber in umgekehrter Richtung. Während wir etwas planen, daraufhin ausführen und kontrollieren, kontrolliert die Evolution nichts. Sie hat auch keine Pläne, sondern probiert. Im Nachhinein erweist sich, dass das übrig bleibt, was sich bewährt.

Pfretzschner: Sie variiert und testet es sofort aus. Was gestern gut war, wird wieder produziert. Wenn es heute auch gut ist, bleibt es so. Wenn es aber heute nicht mehr gut ist, ändert es sich. Dann werden andere Varianten bevorzugt. Mit solchen evolutiven Algorithmen haben wir Probleme gelöst, die wir anders nicht lösen können. Es sind Düsen damit entwickelt worden, die eine vorteilhafte Form haben, mit Verdickung und Verdünnung. Ich habe Haifischzähne analysiert, weil die unterschiedlich belastet werden, bei jedem Biss und bei jedem Beutetier anders. Das ist eine Vielzahl von Belastungen, die auf den Zahn wirkt. Wir können deshalb nicht vorausberechnen, wie die optimale Form ist. Daraufhin habe ich Algorithmen angesetzt. Dann habe ich Charakteristika der Formgebung erkannt, auf die ich nicht gekommen wäre. Aber letztlich lernen wir genauso. Die Herdplatte ist heiß. Wenn wir das nächste Mal anfassen, ist sie vielleicht kalt. Wir müssen darauf achten, ob das rote Licht leuchtet. So sammeln wir die Erfahrung und benutzen sie für Prognosen. Genauso lernt die Evolution. Das kann man mit den Formeln der Wahrscheinlichkeitstheorie aufschreiben.

Kluge: Die Evolution kann ungeheure Mengen an Unwahrscheinlichkeiten häufen durch diesen gewaltigen Zeitstau, mit dem sie umgeht.

Pfretzschner: Das geschieht einerseits durch die Zeit und andererseits dadurch, dass sie aus diesen Varianten das Aktuelle herauspicken kann. Die Elefanten nehmen an Größe zu. Aber es werden zum Beispiel Populationen auf Inseln abgespalten in der Eiszeit, wo das Meerwasser in Gletschern gebunden ist und der Meeresspiegel absinkt. Die Tiere wandern auf mediterrane Inseln oder auf Inseln vor Nordamerika ab und leben da. Sie tauschen sich aus mit dem Festland. Dann schmilzt das Eis wieder und die Warmzeit kommt. Wir kennen Zwergelefanten von den mediterranen Inseln, aber auch aus Nordamerika. Die sind schäferhundsgroß. Wir kennen Zwergriesenhirsche und auf der anderen Seite Riesenigel und Riesennager.

Kluge: Ist die Evolution ein Lebewesen?

Pfretzschner: Das ist die Gaiahypothese, dass der gesamte Naturhaushalt ein sich selbst regulierender Superorganismus ist. Dafür gibt es viele Argumente. Ich glaube es nicht. Ich denke, das ist ein sich selbst organisierendes System und frappierend lebensähnlich. Alle selbst organisierenden Systeme sehen für unser Auge lebendig aus. Es gibt mit Sicherheit auch außerhalb der Erde Lebewesen, schon aus stochastischen Gründen. Wenn wir zurückgehen in die Welt der Dinosaurier, sind wir auf einem fremden Planeten. Wir haben viele Formen, bei denen wir nicht wissen, was diese Tiere mit ihren Anpassungen gemacht haben. Da gibt es aus dem Tessin den Tanystropheus, der hat einen kleinen Echsenkörper, durch den ein riesig langer Hals gezogen ist. Hinten ist ein langer Schwanz. Dazwischen befindet sich ein winzig kleiner Körper. Aber der Hals hat lange Wirbel, die mit Knochenstäben untereinander verbunden sind. Er ist starr wie ein Zeigestock. Was hat er damit gemacht? Er hat im Wasser gelebt und Fische gefangen.

Kluge: Es gibt eine Erscheinung, bei der Lebewesen schon in ihrem Jugendalter die Fähigkeit besitzen, sich zu vermehren. Sie machen nicht mehr den Umweg, Erwachsene zu werden.

Pfretzschner: Das ist die Neotenie. Wir kennen das heute bei einigen Amphibien, zum Beispiel beim Axolotl. Das sind Lurche; wenn sie die Entwicklung vollständig durchlaufen würden, würden sie im erwachsenen Zustand wie ein Salamander aussehen und auf dem Land laufen. Im Allgemeinen werden sie schon als Larven mit Kiemen geschlechtsreif und pflanzen sich fort. Sie wandeln sich nicht mehr in ein Landtier um. Dadurch wird der Lebenszyklus abgekürzt. Das sind typische Opportunisten, welche die Gelegenheit wahrnehmen, wenn sich Gewässer neu bilden, diese als Erste zu besiedeln. Wir kennen das aus dem Perm, aus der Saar-Nahe-Senke und aus Thüringen. Nach der Bildung des Rheinischen Schiefergebirges in der Saar-Nahe-Senke sind Seen entstanden. Das war eine Zeit im Oberkarbon und Unterperm, wo noch viel Bewegung in dem schon fertigen Gebirge war. Da haben sich neue Seen gebildet, die nach ein paar Jahren oder Jahrzehnten ausgetrocknet sind. Dann haben sich andere Seen gebildet. Dort haben die neotenen Amphibien, die Branchiosaurier zum Beispiel, als Erstbesiedler die Seen erobert. Die sind nicht besonders spezialisiert, können sich aber schnell vermehren.

8

Der Gegenpol zu den klassischen Tierfabeln

Ein Gegenstück zu Jean de La Fontaines Tierfabeln wäre es, wenn die Tiere sich Geschichten über Menschen erzählen würden

Die Fabeln von de La Fontaine spiegeln menschliche Eigenschaften, die sie auf Tiere projizieren. Es geht um die Schlauheit der Füchse, den Mut der Löwen. Beeindruckend – und nicht von de La Fontaine erzählt – ist die Geschichte von der Maus und dem Elefanten. Die Maus rettet dem Elefanten das Leben und zu einem viel späteren Zeitpunkt – Elefantengedächtnis! – rettet der Elefant das Leben der Maus. Die Geschichten funktionieren wie Landkarten der Orientierung. Sie haben wenig zu tun mit der Realität. Man kann aber durch diesen Zerrspiegel viel Realität einfangen.

Im 21. Jahrhundert brauchen wir dazu eine gegenläufige Erzählung. Wie sähe ein »Subjekt der Evolution« aus oder »ein Tier, das sprechen kann« – so, wie die Tierwelt zweifellos in uns und zu uns spricht? Was würden Tiere von uns Menschen erzählen? Und wie und wem würde sich das erzählen lassen? Es ist der entgegengesetzte Blick zu dem de La Fontaines auf die Tiere: »Das Staunen der Tiere«.

Die Fabel von zwei Tieren in uns, die einen Massenmord verhinderten

Ein Krieger im Hundertjährigen Krieg, den die Provinzen Frankreichs mit den Regionen Englands führten – Name dieses Kriegers war Sir John Falstaff –, hatte mit seiner kleinen Mannschaft die Aufgabe, nach der Schlacht von Agincourt 60 kriegsgefangene Franzosen zu bewachen. Es stand fest, dass für keinen dieser Gefangenen ein Lösegeld zu erwarten war. Somit sollten sie – als unbrauchbares Gut – gegen Abend umgebracht werden. Im Innern der »Kriegsgurgel Falstaff« und im Herzen seines Personals – alles Menschenwesen – hausten zwei Tiere. Das eine hieß *Lust & Gier*, das zweite *Müdigkeit & Schlaf*. Ehe die Truppe sich an die Metzelei heranmachte, begann sie zu tafeln. Drei Stunden Mahlzeit. Danach, schläfrig, lagen sie auf improvisierten Matten oder auf Stroh im Gelände umher, schliefen tief und hingebend. Am anderen Morgen waren die Gefangenen verschwunden. Die Tiere in den großen Leibern der Soldaten hatten die Rettungsaktion bewerkstelligt. Das Versagen in der Funktion der Wächter wurde vertuscht, keiner der am Mord Verhinderten wurde bestraft.

Unbewusste Kooperation zweier Tiersorten = »bringt Glück«

Eine Truppe von Schwaben, Polizeibeamte, rekrutiert zur Unterstützung der Wehrmacht im Jahr 1942, ausgestattet wie Soldaten, was Gewehr und Uniform betrifft, hatte beim Anmarsch auf den befohlenen Tatort, wo sie ein Verbrechen begehen sollte, unerwartetes Glück. Auf der Krim gibt es tückische Infektionskeime, die im Darmbereich von Menschen Folgen verursachen. Transportiert werden sie durch Würmer im Grundwasser der Brunnen. Ohne die Zuarbeit mitteleuropäischer Därme aus Albstadt in Schwaben (bevölkert mit bis zu vier Kilogramm Pilzen, Bakterien und Viren – »Tieren vor Ort«) hätte dies kein Glück erbracht.

Das Polizeibataillon, verschlagen auf die Krim, war abgeordnet zur Unterstützung des Sonderkommandos, befehligt von SS-Brigadeführer Otto Ohlendorf. Gefangene – rebellische Einheimische, als Partisanen verdächtige Personen, Tataren, ein Kontingent Juden –, gewürfelt und wild rekrutiert, sollten zum Zwecke der Pazifikation und Abschreckung, gewissermaßen zum präventiven Schutz der deutschen Truppen, die Sewastopol belagerten, vor Attentätern erschossen werden. Dafür marschierte die Truppe zu einem auf der Karte als Planquadrat markierten Punkt. Das *sollte* sie befehlsgemäß tun. Tatsächlich aber saßen die Mannschaften in den Straßengräben und in den Gehöften und kackten. Die Truppe war mit ihren Därmen beschäftigt und erschöpft. Sie gelangte nie zum befohlenen Erschießungsort. Das *Tier namens Darm* und das Lebewesen, das in den *toxischen Keimen* steckte, von der Forschung nicht benannt, hatten kooperativ die Truppe lahmgelegt und immerhin diese Schwaben daran gehindert, an diesem Tag zu

Mördern zu werden. Zwei Tiere in enger Kooperation. Man kann nicht sagen, dass sie voneinander »wussten«.

Die auf ihre Erschießung wartende Menschengruppe verharrte am festgelegten Ort, bewacht von einer Wachmannschaft. Der Kommandeur dieser Wachmannschaft bemühte sich, Anweisungen zu erhalten. Er bekam keine Kontakte zu befehlsberechtigten Vorgesetzten. Die Telefonverbindung funktionierte nicht. Seine Funksprüche kamen bis zu Dienststellen durch, die aber nicht weisungsberechtigt waren. Der Offizier der Wachmannschaften hatte nichts zur Verfügung, was zur Ernährung der »zu Erschießenden« oder zur Verpflegung seiner eigenen Leute hätte dienen können. Gegen Abend entschied er, die Gefangenen gehen zu lassen. Er wusste keinen besseren Ausweg. So hatte die Kooperation dreier Tiersorten, der im Menschendarm, der aus den Brunnen der Krim und des Tiers, bestehend aus den irritierten Nerven des Offiziers – alles drei »Seelen oder Tiere« –, aktiv und kooperativ Leben gerettet. Noch besser: Arbeiter in Uniform gehindert, Mörder zu werden. Rosa Luxemburg nennt zu Silvester 1918 alle Soldaten »Proletarier in Uniform«. Sie haben nichts, was sie verlieren könnten, außer ihrer Haut und ihrer Identität.

Ein Mann, der sich »Wolf« nannte

Adolf Hitler ließ sich in intimem Kreis nicht Adolf, sondern »Wolf« nennen. In Bayreuth, im Umkreis der Wagner-Festspiele, nannte ihn Winifred Wagner, die Witwe des Wagner-Sohnes Siegfried, »Wolf«. Eine Kehle zu durchbeißen, wie es ein Wolfstier vermag, war Hitler zu keinem Zeitpunkt seiner Laufbahn in der Lage. Industriell und rassenpolitisch organisierten Mord zu veranlassen, war er fähig. Es liegt eine bittere Verwechslung in der Wahl seines Kosenamens.

»Ein Mensch ist des anderen Wolf«

In seinem Buch *Leviathan* geht Thomas Hobbes davon aus, dass menschliche Gesellschaften zwingend einen Souverän brauchen, der sie hindert, in Bürgerkriegen übereinander herzufallen. Auf der dem Titel gegenüberliegenden Seite des Buches ist eine Figur dargestellt, welche den Herrscher zeigt. Im Innern des königlichen Körpers befinden sich zahllose Menschen, sie füllen den Leib. Nur der Kopf des Monarchen ist diesem selbst vorbehalten. Hobbes hat Erfahrungen der Bürgerkriege in England im Sinn, wenn er seine skeptische These entwickelt: Homo homini lupus.

Zwei Freunde in Schottland, Adam Smith und David Hume, widersprachen etwa 100 Jahre später Hobbes' Analyse. Wieso, fragten sie, seien Wölfe als Beispiel für Lebewesen angeführt, die ihrer eigenen Art gefährlich würden? Wölfe seien Rudeltiere, untereinander auch ohne Verfassung zur Verträglichkeit und Kooperation bereit. Es widerspreche der Beobachtung, dass ein Wolf den anderen töte.

Hinzu trete, dass ein Mensch – als Zoon politikon – grausam, gefährlich, ein Jäger sein könne, aber kaum die Fähigkeiten eines Wolfes besitze. Zugleich seien Menschen zu konzentrierterer Angriffslust in der Lage als Wölfe, da das (im metaphorischen Sinne) »Raubtier Mensch« auch dann jage, wenn es gerade keinen Hunger habe. Man habe altgewordene Grundherren gesehen, welche die Ernte ihrer Ländereien niemals im Leben noch verzehren könnten und die doch gierig blieben, Besitz zu horten. Menschen seien also gewiss schlimmer als Wölfe. Es zeige sich aber ein Unterschied in folgender Beobachtung: Es gebe zwei hervorstechende Eigenschaften im Menschen, einander entgegengesetzt, die doch stets zusammenfänden. Die eine heiße *Sachlichkeit* (attitude of the impartial spectator), die zweite *Einfühlung* (involvement). Bei Wölfen habe man beide Eigenschaften nicht beobachtet. Sie geben, so Adam Smith, aber jeder menschlichen Gesellschaft eine natürliche Verfassung. Sie bürgen für das Ende von Bürgerkriegen, dass diese sich nicht unendlich hinziehen. Ein Souverän dagegen wäre hierfür ein unnützes Mittel, da er, um die aus solchen Eigenschaften entstehende Grausamkeit zu zähmen, noch grausamer sein müsste als die Untertanen.

Beißhemmung bei Wölfen

In der Evolution sind nur diejenigen Wölfe übrig geblieben, bei denen innerhalb des Rudels die Beißhemmung zuverlässig funktioniert. Der im Kampf unterlegene Wolf zeigt seine Kehle dem deutlich größeren Exemplar, das sich als Sieger aufführt und nur zuzubeißen braucht, um den Unterlegenen zu vernichten. Das wird er nicht tun, sagte der Züchter, der seit einigen Tagen wieder Österreicher war und dem sowjetischen Offizier das Gehege zeigte, weil er für die Tiere eine Fleischzuteilung brauchte, die von der neuen Besatzungsmacht freigegeben werden musste. Und es gibt keine Ausnahme?, fragte der Offizier. Es gibt keine irren Wölfe, antwortete der Züchter.

Rückkehr der Wölfe als politisches Problem im Wallis

Zwei Wölfe sind von Osten über die Grenze hinweg in die Schweiz gelangt. Vor hundert Jahren waren Wölfe in der Schweiz bereits einmal ausgerottet. Die Nutztierhaltung in den Alpen wucherte in den folgenden Jahren aus. Die Wildtiere waren, nach Ausfall des höchstrangigen Raubtiers in der Nahrungskette, weniger diszipliniert, schreibt Kurt Eichenberger von der Gruppe Biodiversität beim WWF Schweiz. Sie werden dann ihrer Art entfremdet, bleiben nicht scheu.

Es hat in der Presse ein erregendes Foto gegeben von den Resten eines Schafes, von einem Wolf gerissen. Eichenberger hat dagegen zahlreiche Bilder gesammelt, auf denen gestürzte Tiere zu sehen sind, von den Umständen der Natur grausam hingerichtete Lebewesen, gestürzt in Schluchten, tagelang zwischen Felsen leidend. Jedes Jahr, schreibt Eichenberger, gibt es zehntausend Schafsopfer durch Unfälle. Dem stehen bis zu 300 Nutztiere gegenüber, die in einer mehrjährigen Periode von Wölfen gerissen werden. Das Problem sind nicht die Wölfe; vielmehr ist die Tatsache gravierend, dass zahlreiche Schafe auf den Bergen nicht behirtet sind.

Der Bund gibt ja, fährt Eichenberger fort, 43 Millionen Franken für die Schafhaltung in der Gesamtschweiz aus, für den Herdenschutz nur 830.000 Franken. Mittel müssen bereitgestellt werden, die eine Koexistenz von Wolf und Nutztierhaltung ermöglichen.

Stattdessen versucht die Schweizer Politik, das medienwirksame Thema der Wolfsgefahr für sich zu nutzen. Im Nationalrat in Bern werden Traktanden entwickelt, die den Schutz der seltenen Wolfstiere lockern und das Abschießen künftig begünstigen sollen!

Damit der Wolf bei uns eine Zukunft hat, so Eichenberger, braucht es dreierlei: eine Neuausrichtung der Nutztierhaltung, nicht 250.000 Schafe in den Bergen, sondern die Hälfte davon; den konsequenten Ausbau des Herdenschutzes, was vor allem bedeutet: bessere Ausbildung des Hirtenpersonals in Wolfsgebieten, also Ausstattung mit Herdenschutzanleitungen und die Ermöglichung von Fortbildungskursen; und schließlich wie in Frankreich eine »vorausschauende Planung«. Mit vorausschauend und mit Planung meint Eichenberger eine Betrachtung der Wechselwirkung zwischen den Tieren untereinander und den Eingriffen der Menschen. Eichenberger fordert einen *runden Tisch* zum Thema Wolf.

Der spezialisierte Laufjäger

Seit mehr als 16.000 Jahren gibt es eine spirituelle Beziehung zwischen Wölfen und Menschen. Zahllose Märchen und Fantasien handeln davon. Aber auch das Verhalten und die Intelligenz von Mensch und Wolf haben aufgrund der gemeinsamen Evolution miteinander mehr zu tun als wir glauben.

Ein Gespräch mit dem Biologen Dr. Kurt Kotrschal vom Wolf Science Center Niederösterreich über das kognitive Verhalten von Wölfen und Hunden

Alexander Kluge: Was ist ein Wolf?

Kurt Kotrschal: Das ist ein hundeähnliches Tier mit zwei Ohren, einer langen Schnauze und vier langen Beinen. Der Wolf ist ein spezialisierter Laufjäger. Wölfe sind Tiere, die uns in gewisser Beziehung ähnlich sind.

Kluge: Das ist die Vorstellung des Wolfsmenschen einerseits, die Angst vor dem Wolf und die Faszination andererseits.

Kotrschal: Wir Menschen haben als Alleinstellungsmerkmal das Leben mit Tieren. Es gibt keine Homo-Sapiens-Kultur, die ohne Hund auskommt. Seit 60.000 Jahren leben wir kontinuierlich mit Hund. Der Hund ist die menschlich sozialkompatible Form des Wolfes. Menschen und Wölfe haben viel gemeinsam in ihrer sozialen und ökonomischen Ausrichtung. Alle ehemaligen Jäger und Sammler (das waren wir bis vor 10.000 bis 15.000 Jahren) haben mit dem Wolf gemeinsam, dass sie nett innerhalb der Clans kooperieren, zum Beispiel beim Aufziehen des Nachwuchses, bei der Jagd, bei der grausamen Verteidigung der Grenzen und beim Umbringen der Nachbarclans. Diese Eigenschaften teilen wir mit den Wölfen.

Kluge: Der Eigensinn von Wölfen ist enorm.

Kotrschal: Wenn man mit von Menschen sozialisierten Wölfen arbeitet, merkt man, dass sich nicht nur die Menschen für die Wölfe, sondern auch die Wölfe für die Menschen interessieren. Wir sind für sie interessante Kooperationspartner; das wird früher nicht anders gewesen sein. Als nomadisierender Jäger und Sammler wird man eines

Tages mit dem Wolf in Kontakt gekommen sein, der eine ähnliche Lebensweise hat. Es gibt die Idee, dass sich Wölfe den Menschen zugesellt hätten, weil sie in der Umgebung des Menschen Abfälle nutzen konnten, also Vorteile hatten. Andererseits ist es kaum vorstellbar, sozial in die Nähe des Wolfs zu kommen ohne entsprechende Handaufzucht. Wolfswelpen muss man etwa mit zehn Tagen in die Hand bekommen, damit sie den Menschen als Sozialgefährten akzeptieren. Von Jägern und Sammlern wissen wir, dass das auf der Jagd passierte. Wenn sie einen Wolfsbau entdeckt haben, dann haben sie den einen oder anderen Welpen mit nach Hause genommen. Frauen haben (wie bei Hundewelpen und Schweinen) diese Tiere vermutlich an der Brust aufgezogen, gemeinsam mit ihren eigenen Kindern. Das waren jene sozialen Tiere, die wahrscheinlich im Lager oder in Lagernähe lebten. Menschen existieren ab dem Zeitpunkt, ab dem sie an die Beseeltheit der Natur glauben. Dann glauben sie auch an die Beseeltheit des Jagdwildes und an eine Kooperation zwischen Jäger und Wild. Nun wird es problematisch, Wild zu töten, weil man damit den Geist der Seele freisetzt, der unter Umständen unangenehme Dinge tun kann. Ab diesem Zeitpunkt gab es vermutlich die spirituellen Handwerker, die wir heute Schamanen nennen, die den Leuten gesagt haben, was zu tun sei. Wir glauben heute, dass es dieser spirituelle Hintergrund war, der die Nähe zum Wolf gefördert hat.

Kluge: Die gesellschaftliche Entwicklung erstreckt sich auf den Wolf und später auf das Pferd.

Kotrschal: Es gibt keine Möglichkeit, die menschliche Psyche oder unsere Existenz zu erklären ohne diese Tierbeziehung, die in der Spiritualität begründet liegt, aber auch in der Ökologie. Es ist ein Witz der Geschichte, dass wir diese Spiritualität im Zusammenleben mit Tieren mit der Zeit verloren haben.

Kluge: Es gibt Geschichten, dass Wölfe Schlitten verfolgen in Russland.

Kotrschal: Wenn Tiere Hunger bekommen, können sie umschalten. So kann man bei Wölfen die Jagd relativ leicht auslösen. Wenn zufällig Menschen auf dem Schlitten sitzen, der zum Beispiel von Pferden gezogen wird, versuchen die Wölfe zunächst, die Pferde zu jagen. Wölfe sind klug genug, nach einiger Zeit zu merken, dass man auch Menschen fressen kann. Das ist historisch passiert. Das geschah nicht in dem Ausmaß, wie man es den Wölfen nachgesagt hat. Vor allem sind erwachsene Männer relativ sicher, weil von den wenigen historischen Wolfstoten, die nachgewiesen sind, es sich bei 90 Prozent um Kinder und Frauen und nur um wenige Männer handelt. Wir spielen zum Beispiel mit unseren von Menschen sozialisierten, 50 bis 60 Kilo schweren Timberwölfen nicht, weil sie durch das Spiel hochfahren. Ähnlich wie etwa ein Staffordshire Terrier sind sie relativ schwer wieder zu beruhigen. Wenn Wölfe sich untereinander testen, haben wir nichts dagegen. Aber wenn sie uns testen, haben wir dem wenig entgegenzusetzen. Unsere Interaktion beschränkt sich auf Kooperationen im Zusammenhang mit Training und Versuchsdurchführung. Wir versuchen, nicht zu tief in soziale Systeme einzudringen.

Kluge: Der Timberwolf ist eine größere Unterart aus Kanada.

Kotrschal: Das sind die kanadischen Grauwölfe. Auch unter den Timberwölfen gibt es ein Spektrum größerer und kleinerer Tiere, aber im Wesentlichen sind sie größer als die europäischen Wölfe. Sie sind ruhiger und weniger nervös. Wir haben uns entschlossen, mit diesen Wölfen zu arbeiten, da wir 15 bis 20 Jahre mit ihnen »hands on« arbeiten wollen. Wir wollen uns keine Schwierigkeiten einhandeln, indem wir die falschen Wölfe verwenden. Je weiter südlich die Wölfe vorkommen (und sie kommen im Prinzip vom Äquator bis weit in die Arktis hinein vor), umso kleiner ist der Wolf und umso solitärer. Nur im Norden gibt es die große Beute, die es erlaubt oder erzwingt, in großen Rudeln zu leben. Obwohl gelegentlich einzelne Timberwölfe einen Büffel töten können, ist es eher unüblich. Man teilt sich die Arbeit; man braucht fünf bis zehn Gefährten, damit man das in Kooperation schafft. Bislang gibt es nur Beobachtungen aus dem Freiland. Es wirkt wie Koordination, wenn zum Beispiel ein flüchtender Wapitihirsch oder ein Bison von Wölfen fächerförmig umgeben und von einigen überholt wird, sodass sie ihn von vorn abpassen. Es könnte sein, dass die Wölfe alle dasselbe tun, mit unterschiedlichen Einstellungen. Wir wissen, dass die Tiere unterschiedliche Persönlichkeiten haben. Einer läuft eher hinterher und ein anderer eher voraus. Das schaut für uns koordiniert und nach Kooperation aus. In Wirklichkeit ist es das nicht. Durch Freilandbeobachtung ist das nicht zu entscheiden. Das ist unsere Nische am Wolfsforschungsinstitut. Wir sind jetzt schon die größte Forschungsinstitution auf der Welt. Wir haben als einzige eine hinreichende Anzahl von entsprechenden kooperativen Wölfen. Wir haben die Vergleichshunde, um Fragen in Richtung Hund beantworten zu können. Jetzt wird bei uns auch das größte Laufband der Welt eingebaut, mit circa zweieinhalb Metern Breite und zehn Metern Länge, das es gestatten wird, Versuche zur kooperativen Jagd zu machen. Wir schauen in den Kopf hinein. Wir stellen den Wölfen Fragen über Experimente, und sie beantworten uns diese Fragen. Verstehen die, dass sie zusammenarbeiten müssen, um etwas zu erreichen? Verstehen sie die Rolle des anderen oder macht jeder sein Ding und zufällig schaut es für uns so aus, als würden sie kooperieren?

Kluge: Die Wölfe leben in Clans, also in Familien, zunächst die Eltern und die Nachkommen. Werden das noch mehr?

Kotrschal: Ein Rudel besteht aus einem Elternpaar und den Nachkommen, die bleiben eine gewisse Zeit zu Hause, im elterlichen Territorium, manche für immer. Sie helfen dann dabei, die Nachkommen aufzuziehen. Sollte in einem Gebiet eine Klimaxsituation herrschen, wie zum Beispiel jetzt im Yellowstone-Nationalpark oder auch im Gebiet um Tschernobyl, wo Wölfe, ohne gejagt zu werden, bei hohen Beutedichten existieren, dann bauen sich Rudel auf mit bestimmten Grenzen zueinander. Die Reproduktion wird angekurbelt. Dann passiert etwas, was ursprünglich auch Menschen intensiv gemacht haben: Die jungen Männer bringen einander an der Grenze um. Die kleineren Rudel haben einen Nachteil. Es ist nicht nur die Kooperation auf der Jagd, sondern es ist auch die Kooperation bei den Scharmützeln, beim Krieg gegen die Fremden, welche die Wolfsgesellschaften prägen. Das sind lauter Dinge, die wir erst seit 15 oder 20 Jahren wissen, seit es im Yellowstone-Nationalpark wieder Wölfe gibt und diese nicht gejagt werden.

Kluge: Es gibt dort Gesellschaften?

Kotrschal: Im Prinzip sind Wölfe im Gehege nichts anderes; innerhalb eines abgesteckten Areals bilden sich Rudel.

Kluge: Gibt es dann Alphatiere, Betatiere und Gammatiere?

Kotrschal: Diese Hierarchie gibt es, aber sie wird überschätzt. Vieles, was man über Wölfe weiß, stammt hauptsächlich aus Gefangenschaftsbeobachtungen. Wenn man Pech hat mit der Zusammensetzung des Rudels, beginnen die Wölfe, aggressiv zu werden oder sich sogar umzubringen. Das ist nicht typisch für den Wolf. Bei frei lebenden Rudeln gibt es innerhalb der Gruppe so gut wie keine Aggression. Wenn es Spannungen gibt, dann weichen sie einander aus. Das können die Wölfe aber nicht, wenn ein Zaun vorhanden ist. Gelegentlich wandern junge Männchen weit ab. Würden sie beim Nachbarrudel landen, würden sie das nicht überleben. Für den Nachwuchs ist das ein ziemliches Zwangssystem. Die müssen mehr oder weniger zu Hause bleiben, weil es wahrscheinlich vorteilhafter ist, die eigenen Eltern zu unterstützen. Ein Wolf ist nicht erwachsen, bevor er nicht drei Jahre alt ist. Da ist relativ viel zu lernen. Dann kann das Tier fortgehen und hoffen, dass es vielleicht eine Partnerin oder einen Partner findet.

Kluge: Wie geschieht das?

Kotrschal: Das ist relativ zufällig. Wölfe verbreiten sich über weite Distanzen. Es ist nicht ungewöhnlich, dass der Wolf innerhalb von ein oder zwei Wochen 2000 Kilometer zurücklegt. Dann landet er dort, wo er noch nie war, und hat vielleicht das Glück, auf einen ähnlichen einsamen Wolf zu treffen. Das ist ein Begriff, der momentan wieder in Misskredit ist, weil einsame Wölfe keine frei herumlaufenden Verbrecher sind, sondern sich auf Partnersuche befinden. Wölfe haben eine geringe Schwelle gegen Inzucht. Wenn zum Beispiel das Männchen verschwindet, kann es leicht sein, dass ein Sohn dieser Wölfin die Rolle übernimmt. Sie scheinen relativ inzuchtresistent zu sein. Es gibt Rudel, wo Inzucht über Generationen dokumentiert ist. Die Isle Royale ist eine kleine Insel in einem dieser großen Seen in Michigan, wo eine abgeschlossene Wolfspopulation lebt. Jetzt sieht man, dass Zwischenwirbel auftreten, die auch bei unseren Haushunden auftreten, wenn sie Inzucht betreiben. Im Freiland wird so ein Rudel zusammenbrechen und konstituiert sich aus zwei nicht verwandten Tieren wieder neu.

Kluge: Es gibt den Ausdruck »hängen«; wenn der Geschlechtsverkehr stattfindet bei Wölfen, bleibt das geschwollene Glied noch eine halbe Stunde in der Scheide.

Kotrschal: An der Basis des männlichen Glieds existiert ein Schwellkörper, der beim Ejakulieren anschwillt und verhindert, dass der Penis wieder rausrutscht. Während dieser

Zeit wird Sperma übertragen. Es ist ein Mechanismus, der im Zusammenhang steht mit Vaterschaftssicherung. Da Promiskuität bei Wölfen nicht auszuschließen ist, ist das vermutlich in diesem Zusammenhang entstanden. Es erhöht die Befruchtungswahrscheinlichkeit.

Kluge: Welche Feinde hat der Wolf?

Kotrschal: Innerhalb des Territoriums sind Wölfe sicher. Der größte Feind von Wölfen sind andere, ihnen feindlich gesinnte Wölfe oder Menschen. Als die Wölfe noch sympatrisch waren mit großen Säbelzahnkatzen oder mit Löwen in Mitteleuropa in der Zwischeneiszeit, da waren es die großen Katzen, die auch gefährlich waren. Warum sind Wölfe erfolgreicher als die meisten Katzenarten? Warum sind Wölfe in Form des Hundes in Begleitung des Menschen erfolgreich? Es ist diese Art von sozialer Organisation, also die Fähigkeit zur Kooperation, die man ansatzweise bei Löwen hat. Aber sonst sind Katzen eher solitäre Tiere, wo höchstens ein Paar zusammen geht und eine Zeit lang kooperiert.

Kluge: Hier gibt es den Büffelwolf.

Kotrschal: Der Büffelwolf ist eine nicht mehr existierende Spielart des Timberwolfes. Er war groß und hat auf den Ebenen gelebt. Die Hauptbeute war wahrscheinlich Bison. Das waren auch jene Wölfe, die mit den Great Plains Indians in Kontakt kamen. Diese Indianerkulturen werden in den Westernfilmen falsch dargestellt. In einem Tipidorf mit etwa 100 Zelten lebten etwa 300 bis 500 Leute, und es gab etwa 2000 Hunde. Das waren große Hunde, zum Teil Wolfshybriden. Diese Hybridhunde sind komplett verschwunden.

Kluge: Warum will ein Hund, der an Menschen gewöhnt ist, mit ihnen zusammenlebt und nicht mehr Wolf ist, wieder zurück?

Kotrschal: Wenn Hündinnen oder Wölfinnen läufig sind, sind sie nicht immer selektiv in der Wahl ihrer Partner.

Hunde sind an allem interessiert, was läufig ist. Bei Wölfen ist das weniger der Fall, sie sind selektiver und sexuell zurückhaltender. Dass sich da etwas mischt, speziell in dieser Kultursituation der nordwestamerikanischen Indianer, ist keine Überraschung.

Kluge: Mit den Augen des Wolfes gesehen ist das wie ein Hurenbesuch.

Kotrschal: Tiere leiden nicht an einem Übermaß an moralischer Belastung. Daher machen sie, was sie können. Erst vor kurzem wurde festgestellt, dass eine Spielart des Schakals in Ägypten dem Wolf ähnlich ist. Schakal und Wolf oder auch Kojote und Wolf sind einander so ähnlich, dass sie fruchtbare Hybriden produzieren. Sie schauen anders aus, haben eine komplett andere Ökologie, aber sind doch verwandter, als man meint. Diese Geschichte der Schwärzlinge hat eine interessante Wendung, weil es bei den nordamerikanischen Wölfen zwei verschiedene Kulturen gibt: Seit 8000 bis 10.000 Jahren, also seit der letzten Eiszeit, muss man annehmen, dass es eine Trennung gibt in Territoriale und in Migranten. Die Territorialen verteidigen Territorien gegen andere Wölfe und bleiben, wo sie sind. Sie jagen dort großes Wild, sind eher nicht in den Tundren, sondern im Taigagebiet, also im Gebiet des borealen Waldes angesiedelt. Die eher heller gefärbten Wölfe wandern ihrer Hauptbeute nach, den Karibus; das geschieht im Jahr ungefähr 2500 Kilometer in Richtung Nord–Süd. Sie sind Nomaden, ähnlich wie unsere Vorfahren, die sich nach ihrer Jagdbeute orientierten. Sie verteidigen aber auch kein Territorium. Es scheint kein Zufall zu sein, dass die Schwarzen ausschließlich unter den Territorialen zu finden sind und nicht unter den Migranten.

Kluge: Die Karibuherden haben ein Gefolge.

Kotrschal: Das kann man als Jagdsituation betrachten. Es laufen Wölfe mit, es ziehen Menschen mit und entnehmen aus der Herde Tiere. Man kann es auch als den Beginn einer Hirtenbeziehung sehen. Die Wölfe nehmen nicht zufällig Tiere heraus, sondern nur junge Schwache. Sie betreiben Selektion. Funktionell sind sie so etwas wie Rentierhirten.

Kluge: Haben die Karibus noch andere Feinde?

Kotrschal: Es ist nicht nachgewiesen, aber wahrscheinlich, dass diese Wölfe, die bestimmte Riesenherden begleiten, sich auch gegen andere Wölfe abschirmen oder einen Puma. Gegenden, wo es in Amerika Wölfe gibt, sind beinahe frei von Kojoten, weil Wölfe Kojoten töten. Das hat man oft zwischen nahe verwandten Arten; Luchse töten Hauskatzen. Die Wesensverwandtschaft zwischen Wolf und Mensch lässt den Verdacht aufkommen, dass diese oft irrationale Aggression von Menschen gegenüber Wölfen ebenfalls in diesem Motivationszusammenhang zu suchen ist.

Kluge: Im Hirtenhund steckt ein gezähmtes Element, das früher fraß und schützte und jetzt nur noch schützt.

Kotrschal: Die großen Herdenschutzhunde, die man heute hat, sind teilweise problematisch. Wenn man sie nicht richtig sozialisiert, essen sie die Schafe gelegentlich, die sie beschützen sollen. Sie attackieren gleich auch noch die Wanderer mit, die in der Gegend sind. Herdenschutzhunde im Einsatz gegen örtliche Wölfe sind ein gutes Konzept. Aber man muss diese Herdenschutzhunde auch richtig sozialisieren, damit sie keine Gefahr für Schafe oder für Wanderer darstellen.

Kluge: Es gibt Geschichten in der Literatur von Wolfskindern; ein Wolfsrudel nimmt ein Kind an und sozialisiert es. Ist das biologisch möglich?

Kotrschal: Im Ansatz ist das möglich, weil es quer durch die Säugetiere diese Adoptionsgeschichten gibt, zum Beispiel eine Löwin, die ein Gazellenjunges aufzieht. Die Löwin war in dieser Brutfürsorgestimmung, sie hat vermutlich ihre Jungen verloren und trifft auf dieses Säugetierkind. Sie muss es adoptieren. Bei den Wölfen gibt es Mythen und Sagen in der Richtung Romulus und Remus. Das kann nur kurzzeitig funktionieren. Wolfsjunge entwickeln sich rasch, sie brauchen drei oder vier Wochen Milch. Schon ab der dritten Woche nehmen sie vorgewürgte Nahrung auf. Ein menschliches Baby im Alter von drei oder vier Wochen wird mit vorgewürgter Wolfsnahrung, also mit anverdautem Fleisch, nicht zufrieden sein. Die Entwicklungsgeschwindigkeit zwischen Wolfskindern und Menschenkindern ist zu unterschiedlich, als dass diese Geschichten möglich sein könnten.

Kluge: Wie erklären Sie als Biologe, dass im Märchen die Zicklein sich von der mit Mehl gepuderten Hand des Wolfes täuschen lassen und ihn für ihre Mutter halten?

Kotrschal: Der Wolf macht sich seiner Beute ähnlich oder deren Betreuungsperson. Das ist ein typisches Projektionsmuster menschlicher Vorstellungen. Biologisch funktioniert das nicht. Wölfe sind die Hauptprojektionstiere für unsere Vorstellungen, seit wir auf der Nordhemisphäre sind, zusammen mit den Raben. Wir haben eine Trias auf der Nordhemisphäre von drei Arten, die gemeinsam unterwegs waren über Hunderttausende von Jahren, wenn man den Homo erectus mit dazuzählt. Das sind Mensch, Wolf und Rabe. Das sieht man heute noch im Białowieża-Nationalpark in Polen. Wenn am Waldrand ein Stück Wild verendet, durch einen Wilderer oder einen Wolf zu Tode kommt, sammeln sich am Baum die Raben und machen einen Riesenkrach. Dann eilen gewöhnlich Wölfe dorthin. Die Raben werden von ihnen rekrutiert, um die Territorialverteidigung anderer Raben zu unterlaufen. Aus dem nahen Dorf laufen die Menschen mit der Schüssel und mit dem Messer hin und holen sich ihren Teil. Die Raben sind dort und vermitteln in der Verteilung der Nahrung. Das ist eine kommensalistische Beziehung.

Kluge: Kommensalistisch bezieht sich auf den »gemeinsamen Tisch«.

Kotrschal: Man unterstützt einander beim Finden von Nahrung. Mensch, Rabe und Wolf sind seit jeher zusammen. Das ist auch in der Spiritualität so, wenn man schaut, was die besonderen Krafttiere sind für die Schamanen. In Nordwestamerika, in den alten germanischen Sagen oder noch älteren Überlieferungen sind es immer Wolf und Rabe, die eine große Rolle spielen als Botschafter in Richtung der Welt der Geister. Ich habe mit Wölfen und Raben gearbeitet. Wenn Sie mit Gänsen arbeiten, die sozial intelligente Tiere sind, haben Sie nach ein paar Wochen alles gesehen, was bei denen vorkommt. Die werden berechenbar. Hingegen können Sie jahrelang mit Wölfen oder Raben gearbeitet haben und es kann sein, dass sie originelle Lösungen finden für Probleme, an die sie vorher nicht gedacht haben. Es sind Problemlöser, explorative, kreative, verspielte Tiere, die sich in unterschiedlicher Art mit ihrer Umwelt beschäftigen.

Kluge: Es gibt einen spirituellen Pool in der Biologie.

Kotrschal: Die Spiritualität kam durch Menschen ins Spiel; vor ungefähr 700.000 Jahren begann das Gehirn zu explodieren. Das war die Zeit, als wir auch Sprachfähigkeiten entwickelten. Damals konnten einfache Zeitkonzepte, die auch bei Tieren vorhanden sind, formalisiert werden. Plötzlich konnten die Leute darüber sprechen, wo sie herkommen, wo sie hingehen.

Kluge: Sie sagen »plötzlich«. Die Entwicklung ist nicht durch kleine Mutationen und kleine Selektionen entstanden.

Kotrschal: Das Wort »plötzlich« ist im evolutionären Zeitraum zu deuten. Es handelt sich vielleicht um 50.000 oder 100.000 Jahre; über viele Generationen entstand diese Sprachfähigkeit. Tiere oder unsere affenartigen Vorfahren waren vorher auch schon fähig, einander etwas mitzuteilen, aber nicht in diesem Detail. Auch der Ausdruck der Emotion enthält kontextuale Information. Raben zum Beispiel können einander etwas über die Nahrungsqualität mitteilen durch diese Rekrutierrufe.

Kluge: Es gibt Kampfhunde im Mittelalter, die haben sogar Panzer und laufen neben den Rittern her. In England findet eine berühmte Schlacht statt, als der König gegen das Parlamentsheer kämpft. Da laufen Hunde vorneweg.

Kotrschal: Das war einer der ersten Verwendungszwecke. Vor 15.000 bis 16.000 Jahren erfolgte die Differenzierung dieser ursprünglich wolfsartigen Hunde im Gebiet des heutigen Zentralchinas in große, dicke, dünne und kleine Tiere. Ab dem Zeitpunkt wurden die Menschen dort sesshaft, kultivierten Reis. Das Pferd wurde nicht für den Pflug domestiziert, sondern um die anderen Menschen zu überfallen. Eine der ersten Verwendungen des domestizierten Wolfes war nicht die Jagd, sondern der Krieg. Es hat einen Vorteil, wenn man als Dorf mit einem menschensozialisierten Wolf oder mit Wölfen lebt. Es gibt keine Feinde, die einen in der Nacht unbemerkt überfallen können. Die großen molosserartigen Hunde gibt es seit ungefähr 10.000 Jahren. Die Sumerer waren die ersten, welche sie eingesetzt haben. Wenn der Molosser auf der Seite der mit ihm sozialisierten Leute antritt, ist er ein kompromissloser Kämpfer.

Kluge: Ein Wolf tötet oft durch Biss in die Kehle. Die großen Tiere werden erst verletzt und geschwächt.

Kotrschal: Das ist der Jagdkontext. Wenn es um große Beute geht, machen sich Wölfe oft nicht die Mühe, das Tier zuerst zu töten. Dann wird verletzt und auch gefressen, obwohl das Tier noch nicht tot ist. Tiere in der Größe von Rehen oder kleinen Hirschen werden gewöhnlich zuerst durch Kehlbiss oder durch Nackenbiss getötet. Wenn Wölfe sozial kämpfen, gibt es keine bevorzugten Bissrichtungen. Es wird zwar in die Kehle gebissen, es werden aber auch die Hoden angegriffen. Alle möglichen Körperverletzungen werden beigebracht. Das tun Wölfe selten. Der soziale Kontext ist anders als bei der Jagd.

Kluge: Wie ist das Maul des Wolfs gebaut?

Kotrschal: Als wir begannen, Wolfswelpen aufzuziehen, war es eine große Überraschung, als der Welpe zum ersten Mal gähnte. Von außen schaut dieser zehn Tage alte Welpe nicht anders aus als ein Hundewelpe im selben Alter. Aber beim Gähnen reicht die Maulspalte von Ohr zu Ohr. Es ist dieselbe Zahnanzahl wie beim Hund, aber die Zähne sind doppelt so groß. Der Maulspalt ist größer. Wenn Sie einmal erlebt haben, wie Ihr zahmer Wolf neben Ihnen den Oberschenkelknochen einer Kuh zerbricht, indem er darauf beißt, dann ist das eindrucksvoll.

Kluge: Würden Sie Wölfe als »grausam« bezeichnen, als »wild«?

Kotrschal: Grausam und wild sind menschliche Kategorien. Wölfe sind innerhalb ihrer Clans ausgesprochen nette, zärtliche und kooperative Tiere, die zusammenarbeiten, um Dinge zu erreichen. Die Kooperation auf der Jagd ist strittig, aber im sozialen Bereich ist es eindeutig. Grausam sind sie nach menschlichen Maßstäben nach außen. Wenn zum Beispiel junge Männchen an der Grenze zwischen zwei Territorien aufeinandertreffen und einander töten, dann ist das nach menschlichen Maßstäben grausam. Nach den Maßstäben des Wolfes ist es notwendig. Der ideologische Mainstream einer Gesellschaft färbt in der Art und Weise ab, wie wir die Rudel sehen. Früher war es die strikte Hierarchie, die betont wurde, der Alphawolf, der alles bestimmt. Im Nationalsozialismus war der Wolf eines der Ideologietiere.

Kluge: Adolf Hitler nannte sich privat Wolf.

Kotrschal: Das beruhte auf dem Missverständnis, dass Wölfe besonders tapfere Hunde sind. Darum hat man auch den Deutschen Schäferhund gezüchtet. Bis heute lernt man als junger Hundebesitzer in Schäferhundeclubs, dass man seinen Welpen dominieren und ihm zeigen muss, wer der Herr ist. So sind Wolfsrudel nicht organisiert. Hunde erwarten, dass man mit ihnen kooperiert. Dann braucht man sie nicht gewalttätig dominieren. Vor wenigen Tagen hat uns der österreichische Wissenschaftsminister besucht, der ein Altphilologe ist. Als ich ihn mit der Idee konfrontierte, dass Wölfe einen Spiegel für die Conditio humana darstellen würden etwa bei der biologischen Basis von Kooperationsfähigkeit, hat er gesagt: Wir sollten nicht so weit gehen. Wölfe sollten als Wölfe untersucht werden. Man müsste nicht immer den Schluss in Richtung Mensch ziehen. Trotzdem haben Wölfe und Menschen so viel gemeinsam, dass Wölfe vermutlich das wesentlich bessere Modell sind, um etwas über die biologische Basis der Kooperationsfähigkeit von Menschen zu erfahren, als etwa unsere nächsten Verwandten, die Schimpansen, die egozentriert sind, die wesentlich weniger kooperativ und nett sind.

Das Staunen der Tiere

Im Lieblingskinderbuch von Walter Benjamin, *Bertuchs Bilderbuch für Kinder* von 1807, das Benjamin als Erwachsener in zwölf Bänden nochmals kaufte, sind Tiere dargestellt. Es sind Abbilder aus ferner Zeit, Drucke aus jenen Jahren, als Caspar David Friedrich seine Bilder malte. In die aktuelle Szenerie des *Atavistischen Krieges* in der Ukraine versetzt, staunen diese Tiere. Aktuelle Fotografien bilden die Realität nicht vollständig ab: Es fehlen die menschlichen Wünsche. »Sind sie selbstbewusst, haben sie Tiergestalt.« (Derrida)

Abb. 52

Abb. 53

Abb. 54

Abb. 55

Abb. 56

Abb. 57

Abb. 58

Abb. 59: Bilder aus dem Film »Das Staunen der Tiere«

Abb. 60: Buchmalerei aus dem 12. Jahrhundert:
Ein Pegasus, Symbol der Poetik, mit roten Flügeln und fünf Hörnern

Poetik ist nicht harmlos

Theodor W. Adorno konnte – auch wenn er stets ruhig sprach – sehr beharrlich werden. In einer Sitzecke im Hotel Waldhaus in Sils im Engadin, wo er seine Sommerferien verbrachte, empörte er sich über den Versuch eines anderen Gastes, das Pferd Pegasus, Wappentier der Poetik, als etwas Gemütliches darzustellen. Ja, dieses antike Geisterwesen sei nicht einmal »mythisch«, sondern lebe mit unbezwinglichem Ausdruckswillen in der Gegenwart, genauer: in uns Menschen. Wie ein lästiges Pfeifen im Ohr. Oder wie der Zwang der Menschen, deren innere Stimme gebietet, etwas *Unaussprechliches* zu sagen, »in Zungen zu reden«. Er, Adorno, rate von der Einbildung ab, man könne ein solches »inneres Pferd« lenken oder zähmen.

Man müsse dem *Monster Poetik* – einem allerdings heilsamen Ungeheuer – Respekt entgegenbringen. Der »Geist des Erzählens« sei noch nie fotografiert oder gemalt worden. Er erinnere an die Geschichte von der Geburt des Pegasus. Vater sei der Gott der Ozeane, Poseidon, unberechenbar mit seinen Stürmen und Abgründen. Mutter die schreckliche Medusa, deren Anblick den Betrachter in Starre versetzt. Man dürfe sich bei antiken Geisterwesen keinen Geschlechtsverkehr vorstellen. Bei so ungleichen Erscheinungen wie den Wassermassen des Poseidon und der abgründigen Hässlichkeit der Medusa werde auch bei Ovid nicht behauptet, dass sie sich biologisch verbinden. (Darauf wies mich Adorno hin.) Pegasus wiederum wird geboren aus dem Blut der Medusa, nachdem der Held Perseus ihr den Kopf abgeschlagen hat. Aus den Knochensplittern und dem Blut des durchtrennten Nackens sei das *Wundertier Poetik* geboren. Ihn, Adorno, erinnere das an die Hälse republikanischer Patrioten, die in der Großen Französischen

Revolution in deren letztem Jahr von der Guillotine durchtrennt wurden. Die Nackenpartie gehöre zu den Schwachstellen des Menschen. Der Nacken hat keine Augen. Wie zart ist diese Verbindung angelegt bei den Neugeborenen! Hebt man sie aus dem Bettchen, muss man das Köpfchen stützen. Auf diese Stelle zielt der Blick des Henkers und der des Tyrannen. So wird die Poetik aus Bitterkeit geboren. Alles, was leidet, erzählt.

9

Intelligenz und Kooperation im BAUHAUS DER NATUR

Stichworte zu den »Nachrichten vom Bauhaus der Natur«

- das klassische Bauhaus der Moderne in Weimar (später Dessau)
- das Projekt eines Bauhauses der subjektiven Erfahrung (»Bauhaus der Gefühle«)
- zwei Projekte der Aufklärung und der Moderne: »Bauhaus der Vernunft« (nach Immanuel Kant) und das Projekt eines Bauhauses für die Architektur von Öffentlichkeiten
- das Bauhaus der Natur

Das Bauhaus in Weimar (und später in Dessau) – Höhepunkt war die Bauhausausstellung in Weimar von 1923 – hat bahnbrechende Impulse gesetzt. In seiner Hauptlinie entwickelte das Bauhaus Rationalität und Modernität für die Gestaltung industrieller Produkte und für den Bau von Häusern und Städten. Wie wohne ich? Wie können wir es einrichten, dass uns menschengerechte Städte und kommunikative Offenheit umgeben? Wie verhalten sich Straßennetze zu weltumspannenden Vernetzungen der Digitalität? Wie richten wir unsere Welt ein im Respekt vor der Natur des Planeten?

Zugleich geht es um etwas Zweites: Wir brauchen ein »Bauhaus der Gefühle«. Das Projekt liegt nicht nur in der Perspektive des klassischen Bauhauses, sondern in jener der Frankfurter Kritischen Theorie, der philosophischen Richtung (Theodor W. Adorno, Max Horkheimer, Walter Benjamin), der ich vertraue und in deren Perspektive ich arbeite. Die Innenausstattung in uns Menschen, die Möblierung und das Gehäuse unserer seelischen Verfassung, das Zusammenwirken von Sachlichkeit und Emotion und die Einrichtung einer »mit subjektiver Erfahrung gesättigten Öffentlichkeit«

stehen auf der Tagesordnung. Das ist ein Projekt, keine bestehende Werkstatt oder Institution. In jeder großen Bildungsreform seit Karl dem Großen im 9. Jahrhundert und der Gründung der ersten Universitäten im 12. Jahrhundert zeigt sich aber eine Spur dieses Impulses in den Menschen. Das Projekt eines Bauhauses der Gefühle ist keine bloße Utopie. Vielmehr ist es ein Vorhaben, auf das die Menschen nach jeder großen Katastrophe neu zurückkommen.

Gegenüber der wuchernden Welt des Objektiven, der MACHT DES FAKTISCHEN, die heute durch die Algorithmenwelt und die Digitalität über gewaltige Verteiler verfügt, können Menschen in ihrem Eigensinn sich nur schwer allein behaupten. Es steht deshalb ein drittes Projekt im Raum, das seit dem Zeitalter der Aufklärung in Angriff genommen wurde, später wieder verfiel und in erneuten Ansätzen – oft an unerwarteter Stelle – sich fortsetzte. Bei Immanuel Kant entspricht dem das Prinzip der »Architektur der Vernunft«. Sie ist keine Sache der Gelehrsamkeit, sondern eine Werkstatt, selber ein Bauhaus. In einem zentralen Text zur Einleitung seiner *Kritik der reinen Vernunft* bezeichnet Immanuel Kant diesen Versuch als das Gegenteil des Turmbaus zu Babel. Dieser Turm, sagt er, war für die Unterbringung der menschlichen Erfahrung ein unpraktischer Hochbau. Wegen dieses Baus entstand die Sprachverwirrung. Er spricht dann, ähnlich wie die Klassiker des Weimarer Bauhauses, von »Bauleuten«, »Bauweise« und eben Architektonik der Vernunft. Die Gehäuse und die Einrichtung unserer republikanischen Erfahrung dürfen nicht auf übermenschliche Dimensionen gerichtet sein, sie müssen Maße und Gleichgewichte entwickeln, die den Gefühlen und der Arbeitswilligkeit der Menschen entsprechen. Kants Programm bezeichnet ein weites Arbeitsfeld. Es ist verknüpft mit der unmittelbaren Voraussetzung, dass eine Öffentlichkeit existiert, in der die Menschen über dieses Projekt sich austauschen können. Diese *kommunikative Öffentlichkeit* (Habermas) ist noch aus einem zweiten und heutigen Grund notwendig: Menschen machen ihre unmittelbaren Erfahrungen – und nur an diesen und nicht an der indirekten Erfahrung der Medien können sie die Verlässlichkeit eigener Erfahrung überprüfen. Das geschieht in größtenteils nichtöffentlichen Zusammenhängen. Breite Teile der Arbeitswelt sind nichtöffentlich. Das Gleiche gilt für die Intimität und die Beziehungsverhältnisse der Menschen, in welchen der Löwenanteil der Erfahrung seine Quelle hat. Die Funktion einer intakten und vielfältigen Öffentlichkeit ist deshalb mehr als eine Funktion. Sie ist eine Werkstatt, in der die persönliche Erfahrung von Menschen kommunikativ so ausgetauscht wird, dass solcher Austausch die bloß persönliche Erfahrung durch die Tatsache bestätigt, dass auch andere sie teilen. Das ist die Wurzel von SELBSTBEWUSSTER ERFAHRUNG. Ein Bauhaus für die Architektur von Öffentlichkeiten ist deshalb nicht bloß als »europäisches Bauhaus« (von der Leyen), sondern von der Basis bis zu den Spitzen der Gesellschaft eine notwendige Voraussetzung, dass überhaupt intakte Republiken entstehen. Einer der Hauptakzente des Projekts eines Bauhauses moderner Öffentlichkeit ist deshalb die Organisation und Zulassung von Gegenöffentlichkeiten zur jeweils herrschenden Öffentlichkeit. Nur so verbinden sich die Intelligenz und Erfahrung von Eliten mit der emotionalen Praxis der Mehrheit der Bevölkerung. Alles dies ist »ein weites Feld«. Die Projekte stehen aber untereinander in einem inneren Zusammenhang.

Auf diesem Zusammenhang liegt die Aufmerksamkeit des vorliegenden Buches. Es geht von der Beobachtung aus, dass längst – auch wenn es darüber keine Enzyklopädie gibt – ein Bauhaus der Natur existiert. In Milliarden und Millionen Jahren hat dieses »imaginäre Bauhaus« an der Vielfalt der Lebendigkeiten gearbeitet. Diese Lebendigkeiten existieren außerhalb von uns Menschen sowie als Tiere in uns als eine Art zweite Natur.

Dieses Bauhaus der Natur arbeitet entgegengesetzt zum klassischen Weimarer Bauhaus. Es beruht nicht auf Absichten, Plänen oder einem Willen zur Moderne. Vielmehr arbeiten in diesem Bauhaus die Lebendigkeiten der Natur im Wege von Versuch und Irrtum: Es wird etwas entwickelt, es wird verworfen oder durch Kräfte von außen vernichtet, es entsteht auf andere Weise erneut und verästelt sich zu einer verblüffenden Vielfalt, von der die menschlichen Zivilisationen weit entfernt sind. Dieses Bauhaus der Natur und die Nachrichten, die wir durch gute Beobachtung daraus beziehen, steht allen Projekten, die sich Menschen ausdenken können, wie ein Riesenspiegel gegenüber. Es ist überraschend, wie viel Orientierung, auch wohltuende Korrektur, ein solcher Spiegel enthält. Was mich besonders bewegt, ist, dass wir diesen Spiegel nicht nur für unser Tätigwerden, sondern auch zum besseren Verständnis unserer eigenen Inneneinrichtung, also der Fähigkeit, überhaupt in Werkstätten der Modernität zu arbeiten, brauchen.

Mich überrascht zum Beispiel die letzte Geschichte in dem vorliegenden Kapitel: Man sieht einen französischen Kürassier, der ein Kind, das nicht von ihm stammt, unter seinem Militärmantel vor der Kälte schützt. Die Mutter des Kindes trägt ihm die Flinte. Beide Heimkehrer gelangen bis zu dem Haus dieses Soldaten, wo sie von dessen Frau generös und gastlich empfangen werden. Diese Geschichte könnte ein Kommentar zu Gustave Flauberts *L'Education Sentimentale* sein – der »Erziehung der Gefühle«. Das Verhalten ist in der gesellschaftlichen Normalpraxis unwahrscheinlich. Es zeigt eine verblüffende Kooperation. Es entsteht aus einer gefährlichen und verhängnisvollen Situation »ein glücklicher Ausgang«. Der glückliche Ausgang überrascht, weil er so wenig der Alltagspraxis entspricht. Zugleich überzeugt er das Gefühl, eben weil es um Kooperation, Generosität, also um eine Ausnahme von der MACHT DES FAKTISCHEN, geht. Mich überrascht seit Jahrzehnten bei der Beobachtung von »Nachrichten aus dem Bauhaus der Natur«, dass Evolution und Natur offensichtlich solche glücklichen Überraschungen bereithalten, ja, dass die Entwicklung der Lebendigkeiten eher auf dem Prinzip der Generosität als auf dem Prinzip des Beutemachens zu beruhen scheint.

Kooperation im Tierreich

Zu den erstaunlichen Tatsachen gehört, sagt der Evolutionsforscher Josef H. Reichholf, dass bei Tieren (und vermutlich dadurch auch bei den Menschen) die innerartliche Aggression schwächer ist als die Kooperation. Welche Geschichte haben Verlässlichkeit und soziale Beziehungen in der Evolution? Das hässlichste Tier, der Nacktmull, weißlich, rosa, zahnstark und praktisch blind, kann als das kooperativste und sozialste Tier gelten. Wölfe sind kooperative Jagdgenossen, auch wenn sie der Beute gegenüber aggressiv sein können. Welche Tiere sind durch den Menschen bestechlich, welche nicht? Hunde sind so domestiziert, dass sie leicht gehorchen. Katzen dagegen bleiben gegen Belohnungen immun. Als das eigensinnigste Tier kann die Oryxantilope gelten. Sie ist nicht domestizierbar und nicht zum Gehorsam zu bringen: ein Einzelgänger. Dieses Tier wäre in Ägypten und im Nahen Osten ein ideales Haustier gewesen. Es braucht wenig Wasser und geht selbst auf Futtersuche. Es schmeckt köstlich. Die Domestizierung misslang vollständig. Die Sage vom Einhorn bezieht sich auf diese Oryxantilope.

Reziproke Kooperation ist keine bloß individuelle Eigenschaft

Alexander Kluge: Sind Tiere verlässlich untereinander?

Josef Reichholf: Bei Schimpansen, aber auch bei Elefanten ist bekannt, dass Hilfeleistungen oder ein Entgegenkommen, das unter Umständen Jahre zurückliegt, sich in der Zukunft wieder auszahlen kann. Wenn der betreffende Artgenosse, der damals geholfen hat, in Not ist, wird ihm von denjenigen, denen er seine Hilfe angeboten oder wo er tatsächlich geholfen hatte, ebenfalls geholfen. Das ist bei diesen sozialen Tieren nicht nur verankert, sondern auch überlebenswichtig für die Gruppen. Erinnerungen an die einmal empfangene Hilfe bleiben fest im Gedächtnis, sodass sie Jahre später noch wirksam werden können.

Kluge: Das ist keine individuelle Eigenschaft, die ein Tier gelernt hat in seinem Leben, sondern das ist der Art mitgegeben worden.

Reichholf: In der Fachterminologie der Verhaltensforschung wird das als »reziproker Altruismus« bezeichnet. Es ist letztlich ein egoistisches Verhalten, weil es einem selbst zugutekommt, sich altruistisch für die Mitglieder der eigenen Gruppe einzusetzen. Denn die werden auch mit hinreichender Verlässlichkeit wieder helfen. Entscheidend ist aber (das ist wichtig, um auch den Menschen und sein Verhalten verstehen zu können), dass Gruppen, die dieses Verhalten zeigen, lange und stabil existieren.

Schlechtes Beispiel für die Zusammenarbeit zwischen Hund und Mensch

Laika war den Forschern zugelaufen. Eine lange Zeit der Entwicklung ist vergangen seit jenem Zeitpunkt im ausgehenden Pleistozän, als sich die ersten Hunde den Standquartieren der Menschenhorde näherten. Inzwischen waren dreitausend Menschengenerationen oder achtzehntausend Hundegenerationen vergangen. Ein Straßenhund in Moskau hat eine aus Kuibyschew hergelaufene Hündin geschwängert und sie haben den pfeilohrigen Mischling, den das wissenschaftliche Personal im *Sternenstädtchen* Laika nannte, hervorgebracht, den Liebling der Planer und Praktiker. Es war vorgesehen, den Hund und die Raumkapsel nach der Umrundung des Planeten auf die Erde zurückzuholen. Laika sollte dann ein gutes Leben haben. Jede Zelle in ihrem robusten Körper sollte genau auf die Folgen des Weltraumabenteuers hin untersucht werden. Anatolij W. Kordeliew, der Skeptiker unter den Planern, bestand darauf, dass im Inneren des Gehäuses des Raumfahrzeugs, der Kapsel in der Kapsel, in welcher Laika saß oder lag, eine Giftspritze eingebaut würde, die dem Tier, wäre es verloren, unter die Haut führe und es augenblicklich umbrächte. Der Mechanismus funktionierte dann aber überhaupt nicht. Nichts im Inneren der Kapsel antwortete auf die Funkbefehle der Bodenstation, als es darauf ankam. Längere Zeit registrierten Messgeräte, quälend für das Bewusstsein der vielen Zeugen in der Bodenstation, wie der zuverlässige Begleiter des Menschengeschlechts dort oben unerträglich nach Luft schnappte, Quälerei erlitt, bestehend aus Hunger, Durst und Orientierungslosigkeit. Verrat am Hund. Hätten Laikas Vorfahren, die den Bund mit den Menschen schlossen, von diesem Schicksal gewusst, hätten sie einen weiten Bogen um die frühen Höhlen und Holzunterkünfte gemacht, und Laika selbst hätte das *Sternenstädtchen* nie freiwillig betreten. Andererseits hätte kein Hundefänger diesen erfahrenen Straßenhund gegen dessen Willen je fangen können.

Abb. 61: Laika, der Weltraumhund

Der Oktopus, ein Tier mit acht dezentral steuernden Gehirnen

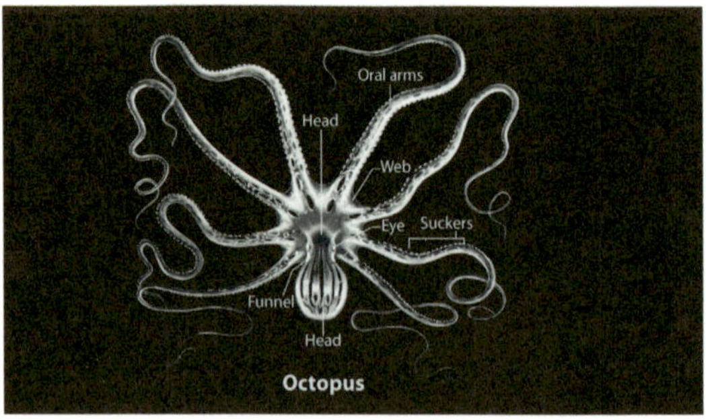

Abb. 62–64: Bilder aus dem Film
»Oktopus mit den vielen Gehirnen«

Tiere erzählen vom Menschengeschlecht

Ein japanischer Gelehrter von der Universität Sendai – einem Ort gleich neben der Atomruine von Fukushima gelegen –, der sich auf Forschungen von Madame Blavatsky berief, behauptete, dass es eine besondere Spezies von Oktopussen gebe, sesshaft am Boden des Mariannengrabens. Er setze voraus, dass seine Leser, schrieb dieser Gelehrte, die acht Tentakel eines gewöhnlichen, irdischen Oktopus kennen. Im Falle der von ihm entdeckten »besonderen Spezies« gehe es nicht um acht Tentakel und die darin enthaltenen autonomen Gehirne, sondern um siebzehn. Er nehme an, dass es sich bei diesen Lebewesen um einen Restbestand einer Gruppe von Besuchern aus der Milchstraße handle, die einst auf der Erde gelandet sei und sie dann wieder verlassen habe. Wie bei vielen Migrationen blieben auch in diesem Fall einer kosmischen Wanderung beim Weiterzug einige Exemplare oder fortpflanzungsfähige Gruppen vor Ort zurück. Dies alles sei vor »evolutionär kurzer Zeit«, also etwa vor 400.000 Jahren geschehen, die Restgruppe im Mariannengraben existiere aber bis heute. Sie verfüge in vier der siebzehn ihrer Tentakelgehirne über rätselhafte Antennen, mit denen sie aus weiter Entfernung und durch alle Hindernisse der Materie hindurch – sozusagen mit *spirituellen Tentakeln* – den digitalen Weltverkehr wahrnehmen und registrieren könne. Die dreizehn weiteren für die Apperzeption nicht gebrauchten Tentakelgehirne dienten der Speicherung der Daten.

Eines dieser Tiere habe von seinen »Beobachtungen über das Menschengeschlecht« berichtet. Es spreche von einer »Konstellation merkwürdiger und teilweise naiver Eigenschaften«. Das Tier, das dem japanischen Forscher »gebildet«, ja »gelehrt« erschien, habe hinzugefügt, dass eine Charaktertypik, wie sie sich aus dem digitalen Gesamtverkehr, einschließlich aller analogen Funk- und Telegrafieverbindungen, ergebe, eines energischen und radikalen – radikal = von den Wurzeln bis zur Haaresspitze – Umbaus bedürfe. Die Oktopusgruppe plant, Schulen für ihre artverwandten irdischen Oktopusse zu errichten.

Abb. 65: Entwurf einer Attraktion für den Vergnügungspark Coney Island bei New York. Bauwerk eines Walfischkörpers auf Sandbank direkt vor der Küste. Rechts führt eine Treppe in den Leib des Riesen. Besucher können über diese Treppe in den Fisch hineingehen und dessen Innenarchitektur, immer die Darmwindungen entlang, besichtigen ...

Abb. 66–67: Die Lebendigkeit eines Wals, wenn er springt ...

Abb. 68: Nach der Architektur eines Walfischs von revolutionären Konstrukteuren entworfenes Model eines Flugzeugs für die Weltausstellung von 1929, die wegen des Black Friday nicht stattfand. Das Fluggerät sollte alle Flüsse Russlands, die die Ost-West-Verbindung durch ihre Richtung nach Norden oder Süden unterbrechen, überbrücken helfen. Außerdem sollte das Gerät den transatlantischen Verkehr, das heißt den »weltumfassenden Traffic« verbessern.

Abb. 69: Entwurf für einen Raumflughafen

»Die Evolution ist ein bewundernswerter Architekt«

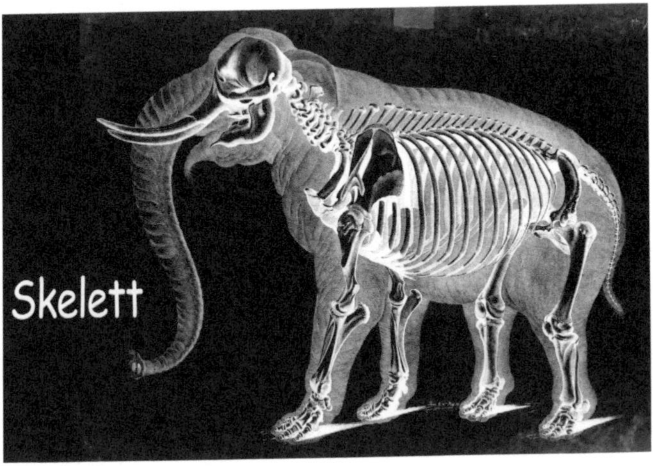

Abb. 70: Vorteil der Skelettbauweise

Dieser Satz des Neurobiologen Dr. Randolf Menzel gilt besonders für alle Organe der Empfindsamkeit, die Sensoren, die Nerven und die Intelligenz. Ursprünglich gibt es in der Natur die Hohltiere, Tiere wie die Medusen: Alles an ihnen ist Außenhaut, vernetzte Intelligenz, keine Hierarchie.

In der Evolution der Lebewesen, die längs ihrer Körper durch ein Knochensystem oder eine andere Verbindungslinie den After mit dem Schädel (und somit einem Gehirn) verbinden, entwickeln sich zwei Linien: die *Rückgratler* (sie entwickeln eine Knochenverbindung auf dem Rücken, die später den aufrechten Gang ermöglicht und wie ein Kran das Eiweiß »aufhängt«) und die *Bauchgratler* (sie haben den Nervenstrang nicht oberhalb der Rückenstütze, sondern unten, also auch ein »Unten-Hirn«). *Bauchgratler* sind zum Beispiel die Insekten, die die Verbindung an ihrem Bauch hin zum Kopf legen und eher wie Körbe, Kugeln, Kisten, Tonnen, also wie geschlossene Gefäße anmuten.

Die Gehirne der Bienen besitzen eine einzigartige Leistungskraft, auch wenn sie so winzig sind. Wie funktioniert die Intelligenz der Bienen? Was verstehen wir über unsere Gehirne und Nervensysteme besser, wenn wir die Schwesterintelligenz der Bienen untersuchen? Brauchen Bienen Schlaf? Gibt es bei ihnen Verjüngung? Wie übertragen sie ihre Informationen? Was und mit welchen Sinnen sehen sie den Himmel? Träumen die Bienen? Das Wappen Napoleons war die Biene.

Abb. 71: »Eiweiß in Kiste«: Bei Bauchgratlern wie den Insekten

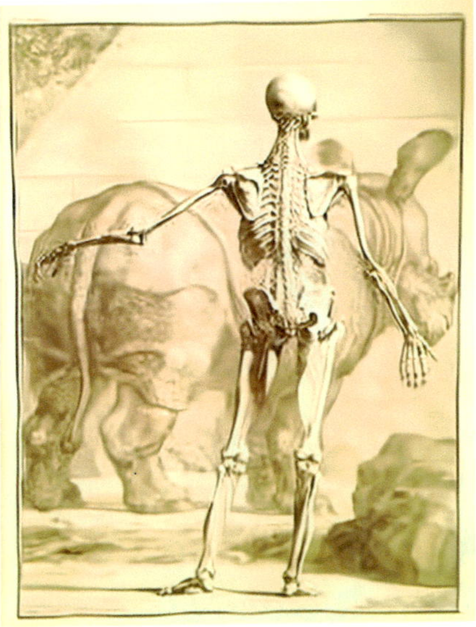

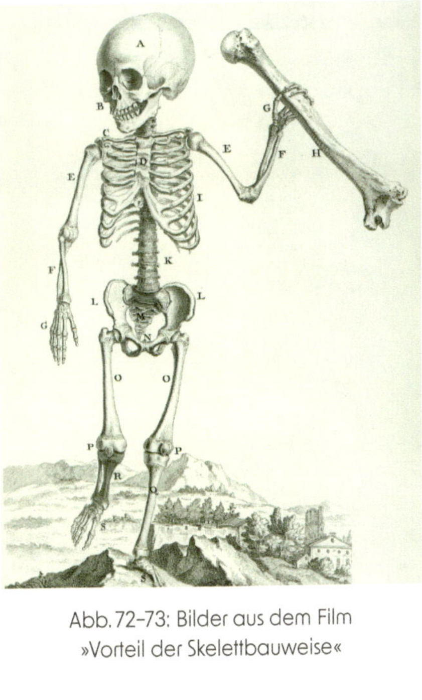

Abb. 72–73: Bilder aus dem Film
»Vorteil der Skelettbauweise«

Abb. 74: Die Silberspinne ist das Wappentier der Arachnologischen Gesellschaft. Sie ist ein tolles Tier. Es handelt sich um ein Unterwasserraubtier, das wie ein U-Boot lebt (aus dem Film »Die Spinne in der Taucherglocke«).

Gespräch mit dem Biologen Dr. Stefan K. Hetz über die einzige Spinne unter 36.000 Spinnenarten, die sich eine Taucherglocke baut

Alexander Kluge: Das Wappentier der Arachnologischen Gesellschaft ist die Wasserspinne.

Stefan K. Hetz: Argyroneta aquatica nennt sich das Tier: *Silberspinne*. Silbern sehen sie nicht deshalb aus, weil sie silbern gefärbt sind, sondern weil sie einen Luftpelz mit sich tragen. Sie besitzen am Abdomen, am Hinterleib, eine dichte Behaarung, die wie ein Filz ist, der sich nicht mit Wasser benetzen lässt. Wenn die Tiere untertauchen, erscheint er silbern.

Kluge: Die Spinne lebt nicht auf dem Wasser, sondern im Wasser.

Hetz: Sie lebt unter Wasser. Die Tiere bauen eine Taucherglocke. Das machen sie zwischen Pflanzenteilen. Wie alle Spinnen haben sie Spinnenfäden, die sie dazu nutzen, um ein Netz zu bauen. Es sieht im ersten Moment aus wie ein Fallschirm. Dann schaffen sie nach und nach Luftblasen in dieses Netz hinein, sodass die Luftblasen von unten an die obere Wand des Netzes drücken. Mit der Zeit gibt es eine Blase, die vielleicht Daumengröße erreichen kann. Für die Spinne ist es wichtig, dass unten immer genug Sauerstoff vorhanden ist. Sauerstoff kommt durch zwei Möglichkeiten hinein. Die Spinne kann nach oben gehen, eine Luftblase holen und sie nach unten schaffen, also die Luft erneuern. Spinnen haben acht Beine und wenn sie auftauchen, gehen sie an die Wasseroberfläche und schöpfen eine große Luftblase. Sie halten die Luftblase mit den Hinterbeinen zusammen, schwimmen nach unten und schaffen sie in ihre Taucherglocke hinein.

Kluge: Wie ist die Hülle der Taucherglocke gebaut?

Hetz: Es sind entweder Pflanzenteile oder manchmal ist es ein dichtes Spinnengewebe, also Spinnenseide. Wie einen Luftballon kann man sich das vorstellen. Durch die Oberflächenspannung, welche die Luft unter Wasser hat, wird verhindert, dass durch die relativ großen Löcher, die in diesem Netz sind, die Luftblasen wieder nach oben gelangen.

Kluge: Da sitzt die Spinne in dieser Taucherglocke. Wie geht die Jagd vor sich?

Hetz: Wenn die Spinnen hungrig sind und man sie füttert, zum Beispiel mit Wasserflöhen oder Mückenlarven (Fische füttern wir nicht, die würden sie wahrscheinlich nicht erwischen), und wenn die Spinnen durch Zufall darauf stoßen, schnappen sie sich ein Stück und gehen sofort in die Luftblase zum Fressen. Aber manchmal spannen die Spinnen, wenn sie länger in diesem Habitat sind oder auch im Aquarium, Spinnfäden quer durch das Aquarium. Diese Spinnfäden dienen dazu, der Spinne zu signalisieren, dass Beute vorhanden ist. Dann kommen sie schnell und schauen nach, wie man es auch von normalen Spinnen kennt. Zum Fressen muss die Spinne wieder in die Luftblase hinein.

Kluge: Wie atmet sie?

Hetz: Spinnen atmen über zwei verschiedene Atemstrukturen. Zum einen über die Buchlungen. Atemsysteme sind immer aufgefädelt, müssen eine große Oberfläche haben, wie bei uns die Lunge, die bis hin zu den Lungenbläschen in viele kleine Abschnitte unterteilt ist. Die Tiere haben ein aufgefaltetes Atemsystem. Buchlungen nennen wir so, weil die einzelnen Blättchen aussehen wie die Blätter eines Buches und auch übereinander gelagert sind. Da hat die Spinne zwei an jeder Seite oder eins an jeder Seite. Dort diffundiert die Luft hinein. Das zweite, effektivere Atemsystem ist ein Tracheensystem. Dieses Tracheensystem kennen wir von den Insekten und ist unabhängig davon auch bei Spinnen entstanden. Es ist also nicht homolog, wie der Biologe sagen würde, sondern besitzt Ähnlichkeiten in der Struktur der Körperoberfläche. Von den Wasserspinnen ist bekannt, dass sie beide Strukturen besitzen. Und meine Vermutung ist, dass dieses Tracheensystem der Spinne erlaubt, mit relativ wenig Sauerstoff in der Taucherglocke auszukommen.

Kluge: Sie strapazieren bei Ihren Versuchen diese Fähigkeiten an einem besonders heißen Sommertag. Da ist es schwer, an Sauerstoff zu gelangen.

Hetz: Einerseits ist es schwer, weil die Tiere wechselwarm sind und jeder Anstieg der Temperatur dazu führt, dass sie mehr Sauerstoff verbrauchen. Der andere, weniger wichtige Grund ist, dass in warmem Wasser weniger Sauerstoff gelöst ist. Die Wasserspinne hat bei warmem und stagnierendem Wasser Schwierigkeiten, an Sauerstoff zu gelangen. Aber das meistert sie relativ gut, was uns überrascht hat.

Kluge: Sie haben festgestellt, dass die Spinnen mit weniger Wegen zur Wasseroberfläche auskommen, als man dachte. Man ging davon aus, dass sie jede Stunde oder alle 40 Minuten Nachschub an Sauerstoff holen muss.

Hetz: Unter Umständen genügt es einmal am Tag. Wenn in der Luftblase wenig Sauerstoff ist, diffundiert über die Wand der Luftblase Sauerstoff aus dem Wasser in die Luftblase hinein. Das funktioniert aber nur, wenn innen wenig Sauerstoff ist. Das ist ein thermodynamisches Prinzip; es geht immer von der hohen zur niedrigen Konzentration. Das kann die Spinne machen, indem sie den Sauerstoff verbraucht. Dann diffundiert Sauerstoff aus dem Wasser in die Luftblase. Wenn die Blase und die Oberfläche groß genug sind und die Spinne ruht, sie also einen geringen Stoffwechsel hat, kann das funktionieren. Dann kann der Sauerstoff ausreichen, um die Spinne einen Tag lang zu versorgen.

Kluge: Es gibt 36.000 Spinnenarten. Die Taucherspinne ist die einzige, die unter Wasser lebt. Sie ist auch gefährdet dadurch, dass die Gewässer nicht mehr die Qualität früherer Zeiten besitzen.

Hetz: Wir haben die Tiere aus Norddeutschland, aus der Eider und aus dem Eider-Ringkanal. Das sind langsam fließende Gewässer mit viel Vegetation an den Ufern. Da wächst Schilf und dazwischen wachsen andere Wasserpflanzen, sodass die Möglichkeiten, dort eine Taucherglocke zu bauen und auch Futter zu finden, gut sind. Das funktioniert nicht bei Flüssen, die begradigt sind, wo außen wenig Vegetation ist. Wenn man eine geeignete Stelle findet und mit dem Kescher durch das Wasser zieht, kann man in den Gewässern in Norddeutschland fünf bis zehn Spinnen auf einmal erwischen. Es hat mich überrascht, in welcher Dichte die Tiere vorhanden sind, wenn das Biotop passt.

Kluge: Es handelt sich um globale Tiere, die von den Britischen Inseln bis Japan vorkommen.

Hetz: In Japan gibt es Untersuchungen zur Habitatwahl. Im nächsten Jahr würden wir gern an Spinnen aus Japan gelangen, um sie mit den europäischen Spinnen zu vergleichen und zu untersuchen, ob sie die gleiche Physiologie haben.

Kluge: Die männlichen Unterwasserspinnen sind größer als die Weibchen. Sie sind beige, gelb, haben rote Beine und wirken attraktiv.

Hetz: Ich weiß nicht, ob sie für die weiblichen Spinnen attraktiv sind.

Kluge: Tarnfarben sind es nicht.

Hetz: Wenn man die Spinnen im natürlichen Biotop fangen will, greift man mit dem Kescher hinein. Dann fängt man auch Schilf und alte Blätter. Die Spinnen sind gut getarnt im natürlichen Biotop, man findet sie kaum und muss warten, bis sie nach zwei oder drei Minuten anfangen sich zu bewegen. Dann kann man sie lokalisieren.

Kluge: Was steuert diese Unterwasserspinnen? Im Winter suchen sie sich leere Schneckengehäuse als Überwinterungsplatz.

Hetz: Ob das stimmt, wissen wir noch nicht.

Kluge: Auch saubere Seen und ruhig fließende Gewässer bieten viele Variationen. Da orientieren sich die Spinnen.

Hetz: Wenn die Spinnen in ein neues Aquarium kommen, zeigen sie in den ersten paar Stunden ein exploratorisches Verhalten. Sie schwimmen im Aquarium und versuchen sich zu orientieren. Meistens haben sie innerhalb weniger Stunden einen optimalen Platz gefunden, wo sie ihre Taucherglocke installieren. Das ist oft in einer dunklen Ecke, von wo aus sie einen guten »Überblick« über das Aquarium haben.

Kluge: Sie sind Lauerjäger und haben einen giftigen Biss.

Hetz: Die Taucherspinne soll die giftigste Spinne in Deutschland sein. Viele Leute haben Angst vor Spinnen und Spinnengiften. Aber es ist wahrscheinlich nicht mehr als ein Wespenstich. Ich konnte es noch nicht erfahren. Ich nehme sie teilweise auch mit der Hand heraus. Mich hat noch keine gebissen.

Kluge: Sie gehen zärtlich mit den Tieren um. Ist Empathie möglich?

Hetz: Man muss als Experimentator zu allen Tieren eine gewisse Empathie haben. Wasserspinnen faszinieren mich seit meiner Jugend, als ich das erste Mal über sie gelesen habe. Dieses Gift, was die Tiere in den Klauen haben, ist letzten Endes ein Verdauungssekret. Die Wasserspinne muss beim Verdauen in ihre Luftblase hinein. Die Verdauung erfolgt bei den Tieren außerhalb des Körpers. Sie injizieren ein Verdauungssekret, welches das Beutetier verflüssigt. Sie fressen nicht, sie kauen nicht, sondern sie saugen. Und um zu saugen, muss die Nahrung flüssig sein.

Kluge: Im Wasser würde das weggespült werden.

Hetz: Das würde nicht funktionieren. Deswegen schnappen die Spinnen sich die Tiere, die sie gefangen haben, bringen sie in Sicherheit. Man kann sich vorstellen, dass so ein Verdauungssekret im Finger nicht angenehm ist. Es gibt auch Schlangen, die proteolytische Enzyme besitzen in ihrem Gift, was Gewebe auflöst und zu schlimmen Wunden führen kann. Die Spinne macht das im Kleinen.

Wie alle Spinnen bauen die weiblichen Taucherspinnen, wenn sie ein Gelege haben, einen Kokon. Dabei handelt es sich um eine Taucherglocke mit zwei Kammern. Die kann so groß werden wie ein Daumen. Das hängt wahrscheinlich damit zusammen, dass die Brut zum Entwickeln (die Spinnen haben zwischen 40 und 80 Jungspinnen) auch Sauerstoff benötigt, durch die umfangreichere Taucherglocke die Oberfläche größer ist und mehr Sauerstoff in diese Taucherglocke diffundieren kann. Die Mutter braucht Sauerstoff, weil sie die ganze Zeit in der Taucherglocke ist und aufpasst. Der Kokon mit den sich entwickelnden Jungen benötigt ebenfalls Sauerstoff. Das dauert eine gute Woche bis 14 Tage bei hohen Temperaturen. Dann schlüpfen viele kleine Spinnen.

Kluge: Wo gehen die hin?

Hetz: Sie sitzen bis zur ersten Häutung in diesem Kokon. Dann sieht man viele kleine Spinnen knapp unter der Wasseroberfläche mit einem kleinen Luftbläschen, ihren eigenen Glocken. Wenn man genug Wasserflöhe zur Verfügung hat, kann man sie problemlos aufziehen.

Kluge: Wie tief unter der Wasseroberfläche sind diese Glocken?

Hetz: Bei den jungen Spinnen sind es vielleicht fünf bis fünfzehn Millimeter.

Kluge: Und bei den erwachsenen Spinnen?

Hetz: Die gehen etwas tiefer, vielleicht fünf bis zehn Zentimeter.

Kluge: Haben die Spinnen Fressfeinde, die sie verfolgen?

Hetz: Verfolgen würde ich nicht sagen. Weil sie sich so gut wie nie bewegen, sind sie unauffällig. Wenn man in so ein Gewässer schaut, kann man sie erst mal nicht sehen. Man fängt sie nur durch Zufall, indem man an geeigneten Orten den Kescher durchs Wasser zieht.

Kluge: Fische fressen solche Spinnen?

Hetz: Das könnte ich mir vorstellen. Wenn man unter Wasser in eine Blase schaut, sieht die Blase silbern aus. Ob die Fische erkennen können, dass es Futter ist? Das kann ich nicht beurteilen. Die kleinen Spinnen werden verdriftet oder auch von anderen Wasserinsekten gefressen. Es gibt genug Wasserinsekten, die Räuber sind. Wir haben bei uns verschiedene Wanzen, die schnell sind; teilweise handelt es sich um Lauerjäger, Stabwanzen und Wasserskorpione. Sie könnten zu den Tieren gehören, die den Wasserspinnen nachstellen.

Kluge: In der Science-Fiction-Literatur gibt es Unterwasserstädte. Dort ist man vor atomaren Explosionen, vor manchen Gefahren des Planeten sicher. Da könnte man bei solchen Tieren Studien treiben.

Hetz: Wenn wir unseren Sauerstoff aus dem Wasser beziehen würden, müsste durch die Diffusion der Sauerstoff zu uns gelangen. Dazu bräuchte man große Flächen. Andererseits müssten wir bei Sauerstoffkonzentrationen leben, die deutlich niedriger sind als die Sauerstoffkonzentration in der Luft. Die Spinnen kommen mit niedrigeren Sauerstoffkonzentrationen aus. Statt 20 Kilopascal wie bei uns sind es zwei Kilopascal. Wir müssten mit niedrigerem Sauerstoffpartialdruck auskommen. Wenn Sie zum Beispiel auf einem hohen Berg sind, wo die Luftdichte und auch der Sauerstoffpartialdruck geringer sind, bemerken Sie die Anstrengung. Das wäre für uns keine Alternative, glaube ich.

Kluge: Stickstoff diffundiert. Das ist die natürliche Grenze für diese Häuschen, diese Glocken.

Hetz: Die Chemie und die Hauptsätze der Thermodynamik lassen sich auch von einer pfiffigen Spinne nicht überlisten. Wenn der Druck gleich bleibt, der Sauerstoffpartialdruck abnimmt und man ein System hat, was sich im Volumen ändern kann, steigt der Stickstoffpartialdruck; wenn Sauerstoff nach innen diffundiert, diffundiert im Gegenzug Stickstoff nach außen. Die Blase kann also kleiner werden. Es gibt auch einige Insekten, die dieses Prinzip, sich Luft mit nach unten zu holen, verwirklicht haben. Aber sie müssen ebenfalls wieder auftauchen, sogar relativ schnell. Die Spinnen können sich das nur leisten, weil ihr Luftvorrat größer ist, weil sie ruhiger sind und weil sie dieses Gefäß haben.

Kluge: Sie stellen nicht selber wie beim Walfisch oder beim Delfin das Gefäß für die Luft dar, sondern sie haben ein Häuschen.

Hetz: Sogar Wale atmen aus, weil sie sonst das Problem hätten, beim Tieftauchen eine Taucherkrankheit zu bekommen. Der Druck wäre zu hoch.

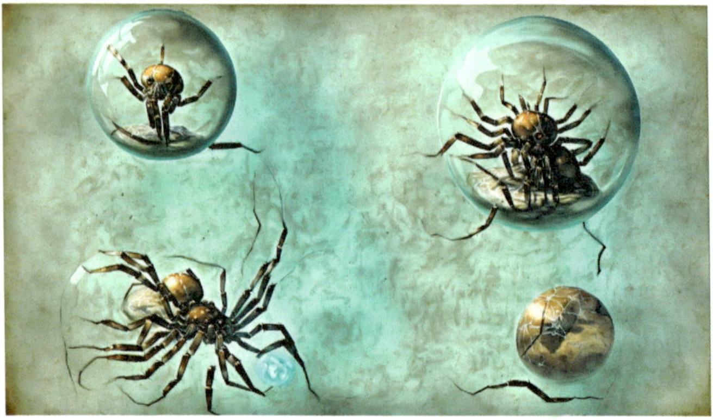

Abb. 75: Taucherspinnen in ihrer Glocke

Abb. 76–78: Alexander der Große in seiner Taucherglocke.
Buchmalerei aus dem Alexander-Roman im Mittelalter.
Der König erforscht den Meeresgrund.

Abb. 79: Spinnen in der Natur

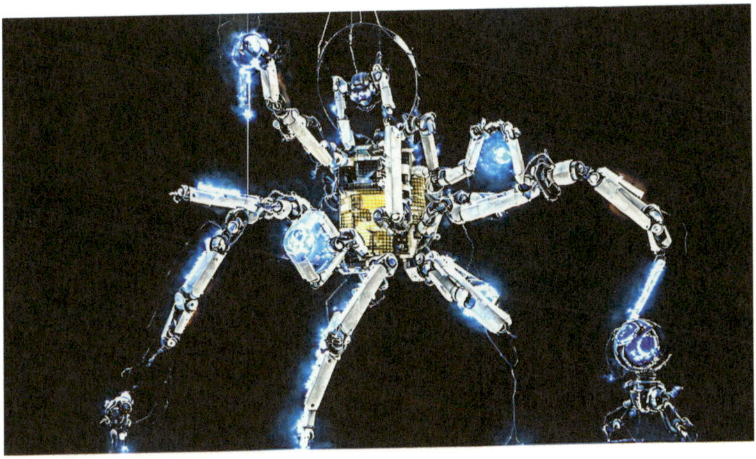

Abb. 80: Spinne der Bionik

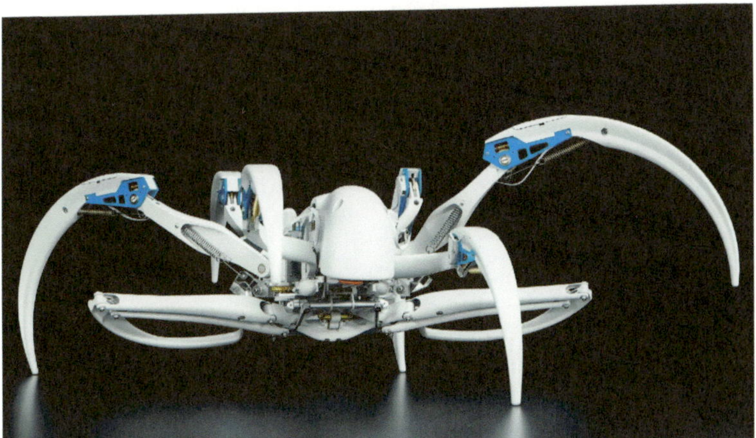

Abb. 81: Star der Bionik von 2032 ...

Von Sandfischen und künstlichen Libellen

Die Wissenschaft von der Bionik

Die Natur und die Evolution übertreffen jeden Ingenieur an Erfindungsreichtum. Die Formulierung kommt von dem Bioniker Ingo Rechenberg. Es ist deshalb interessant, fährt er fort, von der Bionik der Tiere und Pflanzen zu lernen und sie auf die moderne Industrie anzuwenden. Rechenberg selbst tut dies am Beispiel des Wüstenfuchses und der Entwicklung künstlicher Libellen. Der Sandfisch, sagt er, ist seit etwa 9000 Jahren an das Leben in der Sahara angepasst. An sich handelt es sich um eine Eidechse. Sie kann aber in den Tiefen des Sandes »wie ein Fisch« jagen. Die Evolution hat die Haut dieses Tieres reibfester gemacht, als der beste Stahl es ist.

Von Sandfischen und künstlichen Libellen /
24 Min. / Kulturmagazin 10 vor 11 vom 12.6.2006

Mathematik der sinnlichen Kraft

Der Biophysiker Leo van Hemmen untersucht Wüstenskorpione, Krokodile, Schleiereulen und Menschenohren. Man spricht, sagt er, von den fünf Sinnen eines Menschen. Tatsächlich sind aber viel mehr sinnliche Kräfte an der Arbeit, wenn wir uns bewegen, das Gleichgewicht halten und unsere Lebendigkeit ausüben. Aber auch der Wüstenskorpion ist ein sinnlicher Mathematiker seiner Sinneskräfte. Im trockenen Sand, der sich in der Wüste wie eine Wasserfläche verhält, referieren winzige Härchen an den acht Beinen des Tiers den genauen Ort und den Weg einer Beute. Über vier Lebensjahre verfügt dieser Skorpion. Als Nahrung braucht er pro Jahr eine fette Motte. Also viermal Beutemachen im Leben. Dafür besitzt das blinde Tier staunenswerte Präzisionswerkzeuge der Ortung.

Ganz anders die Schleiereule. Die Ernährung ihrer Jungen und des Weibchens fordert von dem nächtlich jagenden männlichen Tier, dass es alle zehn Minuten eine Maus fängt und zum Nest bringt. Die Koordination des Ohrs der Schleiereule weist dafür eine extrem genaue Winkelgenauigkeit auf. Es ist merkwürdig, dass diese Treffsicherheit des Ohrs auch zu den Eigenschaften von uns Menschen gehört.

Für Krokodile und Vögel wäre der Abstand zwischen den Ohren zur genauen Orientierung im Raum unzureichend. Die Natur hat bei ihnen daher eine Direktkommunikation der Ohren durch einen Tunnel oder »Konzertsaal« im Kopf erfunden.

Wir Menschen in der Zivilisation, fährt der Biophysiker fort, machen von unseren sinnlichen Fähigkeiten nur teilweise Gebrauch. Was wir dabei nicht verlernt haben, ist das Lernen selbst: die Plastizität des Gehirns. Fahrradfahren oder Schwimmen lernen bleiben hochkomplexe, kooperative Aktionen zwischen den Sinnen. Das Belohnungssystem beim Lernen liegt, sagt Leo van Hemmen, darin, dass die Sinne von sich aus ein Vergnügen daran haben, zusammenzuwirken: wenn ihnen etwas Ganzes gelingt. Die Belohnungen, die wir verstehen, und die tatsächlichen (offenbar auf anderer Ebene ebenfalls lustvollen) Vorgänge auf der Mikroebene zwischen den Neuronen und Synapsen sind dabei zwei verschiedene Welten.

Alles dies wird biophysikalisch, schließt Leo van Hemmen seinen Gedankengang ab, durch einen imposanten Aufwand an Mathematik regiert, von dem unser Verstand nur wenig weiß.

Die Mathematik der sinnlichen Kraft / 24 Min. / Kulturmagazin 10 vor 11 vom 2.10.2017

Ein Zustand der Evolution, unmittelbar vor Übergang zu den Wirbeltieren

Cephalodiscus (»Kreiskopf«) hat einen abgeplatteten Kopfschild und um den Kopf einen Kragen mit neun Paaren von Fangarmen und einem sackförmigen Rumpf, der von einem Paar Kiemenspalten durchbrochen wird. Der Rumpf enthält den Darm. Der Körper sitzt auf einem zusammenfahrbaren Stiel. Die Wimpern auf den Fangarmen erzeugen Wasserströmung. Und während das Wasser aus der Pharynx durch die Kiemenspalten strömt, werden die Nahrungspartikel vom Schleim auf den Fangarmen festgehalten.

Die Tiere sind aus Seescheiden entstanden und tragen deren Erbschaft in sich: zarte, wimpernähnliche, schwingende Strukturen, nämlich *Cilien*. Durch die peitschenden Bewegungen dieser Rhythmusbildner wird das Meerwasser von der Einströmöffnung her gepumpt. Danach strömt das Wasser durch die umgebende Höhle, das *Atrium*, und wird durch die Ausströmöffnung ausgestoßen. Die Außenhülle des langen, sackförmigen Organismus, der sich noch heute an den Felsen in den Meeren auf der ganzen Welt hält, heißt Tunika. Durchweg römische Bezeichnungen. *Der Körper ist fest an ein hartes Substrat geheftet.*

Artwechsel durch Tunneln von Jugend zu Jugend

In der Zeit, in der Fritz Lang Filme wie »Metropolis« vorbereitete und allgemein der Jugendkult in Blüte stand, also in den zwanziger Jahren des vorigen Jahrhunderts, entwickelte der bekannte Zoologe Walter Garstang eine Theorie, wie sich aus den frühen Branchiostoma, den Vorfahren der Lanzettfischchen aus den chinesischen Flachmeeren, die Wirbeltiere entwickelten. Diese sogenannten Tunikaten besaßen im Larvenstadium eine Schwellung am Vorderteil und verfügten über DNA-Ketten, wie sie später für die Markierung von Augen, Ohren und Nasen erforderlich sind. Bei den erwachsenen Tieren ging diese Erscheinung wieder verloren. Garstang (1928) nahm an, dass die höheren Wirbeltiere sich aus Tunikaten durch *Pädomorphose* entwickelt haben: durch »die vollständige Reifung der Geschlechtsorgane und Erlangung der Fortpflanzungsfähigkeit in einem ansonsten juvenilen Entwicklungsstadium«. »Jugend pflanzt sich fort.« Irgendeine Seescheide hatte keine Metamorphose durchlaufen, weigerte sich, erwachsen zu werden, und wurde zu einer neuen Art.

Für Köpfe wie Theodor W. Adorno oder Walter Benjamin, die einen Widerwillen in sich spürten, ein Erwachsener zu werden, wie für breite Teile der Jugendbewegung (die aber im Gegensatz zur Kritischen Theorie Garstang nicht kannten) war diese Hypothese attraktiv. Inzwischen gilt diese Deutung vorübergehend durch molekulargenetische Daten amerikanischer Universitäten als widerlegt. Dr. Schirnding vom MIT sieht die Daten dieser Widerlegung aber als unvollständig an. Theorien einer gewissen Eleganz, das weiß schon die Mathematik, lassen sich durch Tatsachen nur vorläufig widerlegen. Letztlich obsiegt Stimmigkeit.

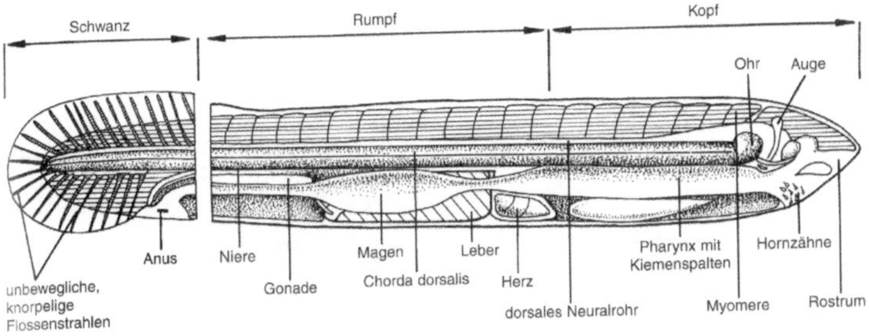

Abb. 82: Hypothetischer Körperbauplan eines ursprünglichen Cranioten (Schädeltier). Übergang zum Wirbeltier. Man bemerke die Zeppelingestalt. Zu früh wurde die Entwicklung dieser ruhig die Luft durchschneidenden Luftfahrzeuge nur aufgrund einiger Unglücksfälle aufgegeben.

Flöße der Lüfte

Konstantin Eduardowitsch Ziolkowski (1857–1935), der legendäre russische Erfinder, der 1892 ein Ganzmetall-Luftschiff entwarf, den *Aerostat Metallitscheski* – Vater der Raketentechnik und der Raumfahrt –, war entsetzt, dass die Zeppeline im Ersten Weltkrieg als Kriegsmaschinen und dann nach dieser Fehlinvestition als *Luxusdampfer der Luft* eingesetzt wurden. Als Bombenträger sind sie ein zu großes Ziel. Sie werden mit einfachen Maschinenwaffen leicht abgeschossen. Und als fliegende Luxusdampfer, so Ziolkowski, sind sie den Launen und der Kaufkraft der Passagiere ausgesetzt. Ein oder zwei Abstürze, ein oder zwei Wetterperioden, die den Luftschiffen den Einsatz schwer machen, und diese wertvollen Luftfahrzeuge sind aus der Mode. Ziolkowski kannte noch nicht das Unglück von Lakehurst, das der Zivilluftfahrt mit Zeppelinen ein Ende setzte. Er war einfach nur ein physikalisch geschulter Wahrsager.

Dagegen seien, behauptete er, Konstruktionen, wie sie den Luftschiffen entsprechen, brauchbar als *Flöße des Himmels*. Sie seien, im Gegensatz zu den schnittigen, nervösen Flugzeugen, die zum Transport von Lasten wenig taugen, die robustere Lösung der Luftfahrt. Ganze Landschaften und Städte könnte man auf den Plattformen von Luftschiffen unterbringen. Wie nützlich, wenn im heißen Afrika in der Nacht eine solche Plattform aufsteigt bis zur Höhe des Kilimandscharo – oft weit entfernt von diesem Berg – und in der Kühle dort oben den Einquartierten labenden Schlaf bringt. Wie brauchbar, wenn entgegengesetzt zur Nord-Süd-Richtung der Flüsse in Russland, über straßenlose Tundren hinweg, diese Lastschiffe der Luft Getreide, Materialien, größere Mengen von Facharbeitern von Zeitzone zu Zeitzone des Riesenkontinents transportieren. Auch Ärzte und Baumaterial, alles Rohe und in Gegenrichtung alles Verfertigte. Auch Fabriken in der Stratosphäre auf Zeppelinplattformen wären denkbar, sagt Ziolkowski. Das würde einige Geländeprobleme lösen.

Dagegen seien diese Konstruktionen und Modelle für Weltraumfahrzeuge zu sperrig. Im Weltraum, wo kein Luftwiderstand besteht, wären filigrane Netze wie Spinnengewebe besser als die Konstruktion der Zeppeline (»Prinzip Walfisch«), an die Raumschiffe bisher oft anknüpfen. Als er sich mit diesen Perspektiven befasste, war Ziolkowski schon alt und sehr müde. Was hätte sich ereignen können, wäre er zu diesem Zeitpunkt siebzehn Jahre alt gewesen, umgeben von Jüngern? Und was wäre an Potenz hinzugekommen, hätte er über die Ressourcen der USA verfügt!

Der Hochflieger,
ein südamerikanischer fliegender Fisch

Abb. 83

Abb. 84

Abb. 85

Abb. 86

Abb. 87

Abb. 88

Der Hochflieger / Seelenvogel einer Kriegsflotte, die ihrem Untergang entgegenfährt / 02:18 Min.

Hochflieger Napoleon / Der Kaiser und das Schicksal als Katze

Abb. 89–90: Ein Herrscher im Reich der Macht des Faktischen:
Napoleon erkannte das Schicksal nicht, das ihm als Tier gegenüberstand.
»Der Kaiser sieht die Katze an. Die Katze blickt den Kaiser an.«

Abb. 91: Wenig kooperativ.
Napoleon glaubt nicht an die Republik der Tiere in uns und uns gegenüber.

Abb. 92: In Moskau 1812

Abb. 93

Ein Fall von überraschender Kooperation / Episode aus dem Rückzug der Großen Armee von Moskau im Winter 1812

Abb. 94: Ein Chasseur Napoleons auf dem Rückzug. Sein Pferd hat er verloren. Eine russische Gefährtin hat er gewonnen. Sie trägt sein Gewehr. Er trägt, in ein Tuch gewickelt als Schutz vor Kälte, ihr Kind vor der Brust. Es ist nicht sein Kind. Im Juni ist er in Russland eingedrungen. Bis Anfang Dezember kann ihm kein Kind geboren sein. Die Geschichte geht zurück auf einen französischen Zinnsoldatenhersteller im 19. Jahrhundert, der eine Episode aus dem Rückzug Napoleons aus dem Winter von 1812 in Russland in Form seiner Zinnfiguren nacherzählt.

Abb. 95

Abb. 96

Abb. 97

Abb. 98: Nach langer Wegstrecke kommen der Chasseur und die Russin in Frankreich an. Die Frau des Chasseurs nimmt die Dreiergruppe gastlich auf.

Alexander Kluge ist Filmemacher, Autor und Philosoph. Seine »Chronik der Gefühle« zählt zu den hundert besten Büchern der letzten hundert Jahre (SPIEGEL-Literaturkanon 2024). Vielen ist er bekannt aus seinen nächtlichen Kulturmagazinen bei RTL und Sat.1.

Er erhielt zahlreiche Auszeichnungen und Preise, unter anderem 1979 den Bremer Literaturpreis und 2003 den Georg-Büchner-Preis.